JN117808

全国 農業 図書 のご案内

新刊

2023年版
日本農業技術検定　過去問題集2級

R05-02　A5判・184＋68頁
定価1,100円（税込・送料別）

●2022年度に実施した2回の試験問題を収録。

2022年版
日本農業技術検定　過去問題集2級

R04-02　A5判・192＋72頁
定価700円（税込・送料別）

●2021年度に実施した2回の試験問題を収録。

新規就農ガイドブック

R04-39　A5判・132頁
1,210円（税込・送料別）

　新規就農するうえで知っておきたい知識をまとめたガイドブック。就農までの道筋や地域や作目選びのポイントなどを紹介。

新規就農のノウハウがもりだくさん！

Q&A 農業法人化マニュアル 改訂第6版

R04-37　A4判・108頁
900円（税込・送料別）

　農業経営の法人化を志向する農業者を対象に法人化の目的やメリット、法人の設立の仕方、法人化に伴う税制や労務管理上の留意点などの疑問に一問一答形式で解説。

法人化で生じる疑問を一問一答形式で解説

令和4年度版
よくわかる農家の青色申告

R04-08　A4判・127頁
900円（税込・送料別）

　近年ますます重要性の高まる青色申告について、制度の概要、申告手続き、記帳の実務、確定申告書の作成から納税までを詳しく解説。

農家向け手引書の決定版

3訂　『わかる』から『できる』へ
複式農業簿記実践テキスト

R04-26　A4判・135頁
1,700円（税込・送料別）

　基礎から実践までわかりやすく解説した実務書。実際の簿記相談をもとにした多くの仕訳例は、即戦力として役立つ。

複式農業簿記の学習に最適！

藤田智の園芸講座

R04-40　A5判・162頁
1,430円（税込・送料別）

　作目ごとに、野菜づくりの方法を楽しくわかりやすく紹介。菜園計画や畑づくりなど、栽培前の準備についても盛り込んだ充実の1冊。

おいしい野菜をつくろう！

だれでも楽しめる！簡単野菜づくり

25-29　A5判・115頁
1,257円（税込・送料別）

　野菜づくりの基本とも言える土づくり、肥料の施用方法のイロハから、野菜ごとの栽培方法まで、イラストを使ってわかりやすく紹介。

野菜づくりの入門書！

ご購入方法

①お住まいの都道府県の農業会議に注文

（品物到着後、農業会議より請求書を送付させて頂きます）

都道府県農業会議の電話番号

北海道	011(281)6761	静岡県	054(255)7934	岡山県	086(234)1093
青森県	017(774)8580	愛知県	052(962)2841	広島県	082(545)4146
岩手県	019(626)8545	三重県	059(213)2022	山口県	083(923)2102
宮城県	022(275)9164	新潟県	025(223)2186	徳島県	088(678)5611
秋田県	018(860)3540	富山県	076(441)8961	香川県	087(813)7751
山形県	023(622)8716	石川県	076(240)0540	愛媛県	089(943)2800
福島県	024(524)1201	福井県	0776(21)8234	高知県	088(824)8555
茨城県	029(301)1236	長野県	026(217)0291	福岡県	092(711)5070
栃木県	028(648)7270	滋賀県	077(523)2439	佐賀県	0952(20)1810
群馬県	027(280)6171	京都府	075(441)3660	長崎県	095(822)9647
埼玉県	048(829)3481	大阪府	06(6941)2701	熊本県	096(384)3333
千葉県	043(223)4480	兵庫県	078(391)1221	大分県	097(532)4385
東京都	03(3370)7145	奈良県	0742(22)1101	宮崎県	0985(73)9211
神奈川県	045(201)0895	和歌山県	073(432)6114	鹿児島県	099(286)5815
山梨県	055(228)6811	鳥取県	0857(26)8371	沖縄県	098(889)6027
岐阜県	058(268)2527	島根県	0852(22)4471		

②全国農業図書のホームページから注文
(https://www.nca.or.jp/tosho/)

（お支払方法は、銀行振込、郵便振替、クレジットカード、代金引換があります。銀行振込と郵便振替はご入金確認後に、品物の発送となります）

③ Amazon から注文

全国農業図書	検 索

日本農業技術検定　3級

選択科目［農業基礎］

3

14

① ②

③ ④

選択科目［栽培系］

38

44

45

① ②

③ ④

選択科目［栽培系］

46

A

B

47

栽培管理前

栽培管理後

50

3

選択科目 [畜産系]

50

選択科目 [食品系]

47

48

選択科目 [環境系]

33

39

選択科目［環境系］

40

選択科目［環境系・林業］

49

選択科目［農業基礎］

12 　13

14 　19

選択科目［栽培系］

39

6

選択科目［栽培系］

41

① ② ③ ④

42

① ② ③ ④

選択科目［栽培系］

43

46

①　　　　　　　　　　②

③　　　　　　　　　　④

選択科目［栽培系］

47

50

選択科目［畜産系］

47

50

選択科目［食品系］

37
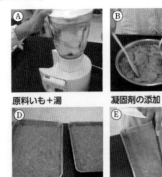

Ⓐ 原料いも＋湯　Ⓑ 凝固剤の添加　Ⓒ かくはん

Ⓓ 固化　Ⓔ 成形　Ⓕ 煮沸

選択科目［環境系］

33

37

選択科目［環境系・造園］

41

46

50

選択科目［環境系・林業］

50

農業基礎

A   B

農業基礎

8

12

13

農業基礎

16

選択科目［栽培系］

42

選択科目［栽培系］

44

A

B

45

47

50

選択科目［畜産系］

31

43

47

48

49

選択科目［食品系］

46

選択科目［環境系］

35

36
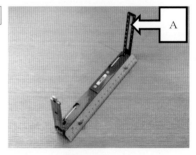

A

40

農業基礎

1

6

14

農業基礎

16

① ② ③ ④

選択科目［栽培系］

36

37

38

選択科目［栽培系］

46

47

50

選択科目［畜産系］

47

50

選択科目［食品系］

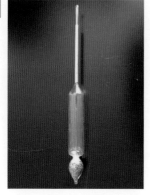

選択科目［環境系・造園］

A　　　　　　　　　　　　　　　　B

選択科目［環境系・林業］

選択科目［農業基礎］

18

19

30

選択科目［栽培系］

42

43

選択科目［栽培系］

44

46

ハボタン　　　　サイネリア　　　ベゴニア・　　　シクラメン
　　　　　　　　　　　　　　　センパフローレンス

48 50

選択科目［畜産系］

35

43
 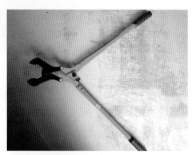

44

46

選択科目［畜産系］

47

49

選択科目［食品系］

39

選択科目［環境系］

33
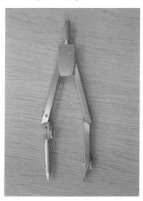

37

選択科目［環境系］

40

選択科目［環境系・造園］

41

42

43

44

選択科目［環境系・造園］

46

50

(写真)　　　　　　　　　　　　　(図)

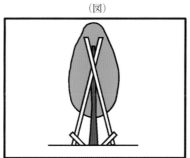

選択科目［環境系・農業土木］

46

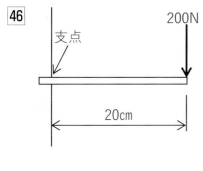

支点

200N

20cm

48

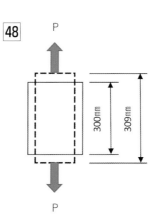

P

300mm

309mm

P

日本農業技術検定　3級　解答用紙

受験級	受 験 者 氏 名	注意事項
● 3級	フリガナ 漢字	

1. はじめに受験番号・フリガナ氏名が正しく印字されているか確認し、漢字氏名欄に氏名を記入してください。
2. 記入にあたっては、B又はHBの鉛筆、シャープペンシルを使用してください。
3. ボールペン、サインペン等で解答した場合は採点できません。
4. 訂正は、プラスチック消しゴムできれいに消し、跡が残らないようにしてください。
5. 解答欄は、各問題につき1つのみ解答してください。
6. 解答用紙は折り曲げたり汚したりしないよう、注意してください。

受 験 番 号

マーク例

良い例	悪い例
●	⊙ ✕ ✓ ∿ ○

※ 重要 ※
選択問題は、4科目からいずれか1つを選択し（マーク）して解答してください。
解答欄Aまたは解答欄Bのいずれかのみ解答してください。
両方解答した場合は、全て不正解となります。

共 通 問 題

問	解 答 欄
1	① ② ③ ④
2	① ② ③ ④
3	① ② ③ ④
4	① ② ③ ④
5	① ② ③ ④
6	① ② ③ ④
7	① ② ③ ④
8	① ② ③ ④
9	① ② ③ ④
10	① ② ③ ④
11	① ② ③ ④
12	① ② ③ ④
13	① ② ③ ④
14	① ② ③ ④
15	① ② ③ ④
16	① ② ③ ④
17	① ② ③ ④
18	① ② ③ ④
19	① ② ③ ④
20	① ② ③ ④
21	① ② ③ ④
22	① ② ③ ④
23	① ② ③ ④
24	① ② ③ ④
25	① ② ③ ④
26	① ② ③ ④
27	① ② ③ ④
28	① ② ③ ④
29	① ② ③ ④
30	① ② ③ ④

選 択 問 題

解答欄A（栽培系、畜産系、食品系）

栽培系 ○　　畜産系 ○　　食品系 ○

設問	解 答 欄
31	① ② ③ ④
32	① ② ③ ④
33	① ② ③ ④
34	① ② ③ ④
35	① ② ③ ④
36	① ② ③ ④
37	① ② ③ ④
38	① ② ③ ④
39	① ② ③ ④
40	① ② ③ ④
41	① ② ③ ④
42	① ② ③ ④
43	① ② ③ ④
44	① ② ③ ④
45	① ② ③ ④
46	① ② ③ ④
47	① ② ③ ④
48	① ② ③ ④
49	① ② ③ ④
50	① ② ③ ④

解答欄B（環境系）

環境系 ○

設問	解 答 欄
31	① ② ③ ④
32	① ② ③ ④
33	① ② ③ ④
34	① ② ③ ④
35	① ② ③ ④
36	① ② ③ ④
37	① ② ③ ④
38	① ② ③ ④
39	① ② ③ ④
40	① ② ③ ④

造園 ○　　農業土木 ○　　林業 ○

設問	解 答 欄
41	① ② ③ ④
42	① ② ③ ④
43	① ② ③ ④
44	① ② ③ ④
45	① ② ③ ④
46	① ② ③ ④
47	① ② ③ ④
48	① ② ③ ④
49	① ② ③ ④
50	① ② ③ ④

2023年版 日本農業技術検定過去問題集 3級 (R05-01) 正誤表

下記の通り誤りがありました。お詫びして訂正いたします。

訂正箇所	誤	正
前付2ページ 24ページ 2022年度第1回3級「栽培系」設問38		 （写真はニジュウヤホシテントウ）
62ページ 2022年度第2回3級「共通」設問23	ダイコンの根に含まれている酵素として、最も適切なものを選びなさい。	ダイコンの根に含まれている消化酵素として、最も適切なものを選びなさい。

は じ め に

　新たに農業を始める人たちにとって、農業の魅力とは何でしょう。それはズバリ、自然豊かな環境や農的な生き方、ビジネスとしての可能性であり、食料安全保障の確立や環境保全への貢献にやりがいを感じる人もいるのではないでしょうか。

　農業は、食料や花などを生産する第1次産業であると同時に、生産した農作物を自ら加工して付加価値をつける第2次産業、さらには直売店やインターネットを通して販売したり、農家レストランを出店するなどの第3次産業としての性格を持っています。自然に囲まれた農村での暮らしを満喫しながら、自ら経営の采配をふるうことが可能です。また、独立就農以外にも、農業法人に就職してから就農する道もあります。このような「生き方と働き方の新たな選択」にあこがれて、いま農業を志す人たちが増えています。

　しかしながら、農業の経験や知識も少ないなかで就農することは容易ではありません。農業の技術は日々進歩しており、経営環境も変わっています。農業は事業であり、農業者は事業の経営者であるという冷厳な事実があります。

　日本農業技術検定は、農林水産省・文部科学省後援による、農業や食品を学ぶ学生や農業・食品産業を仕事にする人のための、全国統一の農業専門の検定制度です。新規就農を希望する人だけでなく、農業関連産業を目指す全国の多くの農業系の学生をはじめ、JAの営農指導員等の職員や農業関係者の方々も多数受験して、農業の知識や技術習得によるキャリアアップに活用されています。

　意欲だけでは農業や関連産業で仕事はできません。まずは日本農業技術検定で、あなたの農業についての知識・生産技術の修得レベルを試してみてはいかがでしょう。本検定を農業分野への進学、就業、関連産業への就職に役立てていただけると幸いです。

　本書には、2020年度（新型コロナウイルス感染症の影響で試験は年1回のみ）と2021年度、2022年度の試験問題を合わせた計5回分を収録しています。

　3級受験にあたっては、本過去問題集で確認するほか、農業高等学校教科書や3級テキストを参考に勉強されることをお薦めします。

2023年4月

日 本 農 業 技 術 検 定 協 会
事務局・一般社団法人 全国農業会議所

本書活用の留意点

◆実際の試験問題は A4判のカラーです。

　本書は、持ち運びに便利なように、A4判より小さい A5判としました。また、試験問題の写真部分は本書の巻頭ページにカラーで掲載しています。

◆◆CONTENTS◆◆

解答・解説編　（別冊）

日本農業技術検定ガイド

1 検定の概要

●・・・日本農業技術検定とは？・・・●

　日本農業技術検定は、わが国の農業現場への新規就農のほか、農業系大学への進学、農業法人や関連企業等への就業を目指す学生や社会人を対象として、農業知識や技術の取得水準を客観的に把握し、教育研修の効果を高めることを目的とした農業専門の全国統一の試験制度です。農林水産省・文部科学省の後援も受けています。

●・・・合格のメリットは？・・・●

　合格者には農業大学校や農業系大学への推薦入学で有利になったり受験料の減免などもあります！　また、新規就農希望者にとっては、農業法人への就農の際のアピール・ポイントとして活用できます。JA など社会人として農業関連分野で働いている方も資質向上のために受験しています。大学生にとっては就職にあたりキャリアアップの証明になります。海外農業研修への参加を考えている場合にも、日本農業技術検定を取得していると、筆記試験が免除となる場合があります。

●・・・試験の日程は？・・・●

　2023年度の第１回試験日は７月８日（土）、第２回試験日は12月９日（土）です。第１回の申込受付期間は４月27日（木）～６月２日（金）、第２回は10月２日（月）～11月２日（木）となります。

※１級試験は第２回（12月）のみ実施。

●●●具体的な試験内容は？●●●

　1級・2級・3級についてご紹介します。試験内容を確認して過去問題を勉強し、しっかり準備をして試験に挑みましょう！

（2019年度より）

等級		1級	2級	3級
想定レベル		農業の高度な知識・技術を習得している実践レベル	農作物の栽培管理等が可能な基本レベル	農作業の意味が理解できる入門レベル
試験方法		学科試験＋実技試験	学科試験＋実技試験	学科試験のみ
学科試験	受検資格	特になし	特になし	特になし
	出題範囲	共通：農業一般＋選択：作物、野菜、花き、果樹、畜産、食品から1科目選択	共通：農業一般＋選択：作物、野菜、花き、果樹、畜産、食品から1科目選択	共通：農業基礎＋選択：栽培系、畜産系、食品系、環境系から1科目選択
	問題数	学科60問（共通20問、選択40問）	学科50問（共通10問、選択40問）	50問※3（共通30問、選択20問）環境系の選択20問のうち10問は3分野（造園、農業土木、林業）から1つを選択
	回答方式	マークシート方式（5者択一）	マークシート方式（5者択一）	マークシート方式（4者択一）
	試験時間	90分	60分	40分
	合格基準	120点満点中原則70%以上	100点満点中原則70%以上	100点満点中原則60%以上
実技試験	受検資格	受験資格あり※1	受験資格あり※2	ー
	出題範囲	専門科目から1科目選択する生産要素記述試験（ペーパーテスト）を実施（免除規定あり）	乗用トラクタ、歩行型トラクタ、刈払機、背負い式防除機から2機種を選択し、ほ場での実地研修試験（免除規定あり）	ー

※1　1級の学科試験合格者。2年以上の就農経験を有する者または検定協会が定める事項に適合する者（JA営農指導員、普及指導員、大学等付属農場の技術職員、農学系大学生等で農場実習等4単位以上を取得している場合）は実技試験免除制度があります（詳しくは、日本農業技術検定協会ホームページをご確認ください）。

※2　2級の学科試験合格者。1年以上の就農経験を有する者または農業高校・農業大学校など2級実技水準に相当する内容を授業などで受講した者、JA営農指導員、普及指導員、大学等付属農場の技術職員、学校等が主催する任意の講習会を受講した者は2級実技の免除規定が適用されます。

※3　3級の選択科目「環境系」は20問のうち、「環境共通」が10問で、「造園」「農業土木」「林業」から1つを選択して10問、合計20問となります。

●・・・申し込みから受験までの流れ・・●

```
日本農業技術検定ホームページにアクセスする。
(https://www.nca.or.jp/support/general/kentei/)
```
↓
```
申し込みフォームより必要事項を入力の上、申し込む。
```
※団体受験において、2級実技免除校に指定されている場合は、その旨のチェックを入力すること。
↓
```
お申し込み後に検定協会から送られてくる確認メールで、
ID、パスワード、振り込み先等を確認し、指定の銀行口座
に受験料を振り込む。
```
↓
```
入金後、ID、パスワードを使って、振り込み完了状況、受
験級と受験地等の詳細を再確認する。
```
↓
```
申し込み完了
```
↓
```
試験当日の2週間～3週間前までに受験票が届いたこと
を確認する。
※受験票が届かない場合は、事務局に問い合わせる。
```
↓
```
受験
```

※試験結果通知は約1か月後です。
※詳しい申し込み方法は日本農業技術検定のホームページからご確認ください。
※原則、ホームページからの申し込みを受け付けていますが、インターネット環境がない方
　のためにFAX、郵送でも受け付けています。詳しくは検定協会にお問い合わせください。
※1級・2級実技試験の内容や申し込み、免除手続き等については、ホームページでご確認く
　ださい。

◆お問い合わせ先◆
日本農業技術検定協会（事務局：一般社団法人 全国農業会議所）
〒102-0084 東京都千代田区二番町9-8
　　　　　中央労働基準協会ビル内
TEL:03(6910)1126　E-mail:kentei@nca.or.jp

| 日本農業技術検定 | 検索 |

●・・・試験結果・・●

　日本農業技術検定は、2007年度から3級、2008年度から2級、2009年度から1級が本格実施されました。近年では毎年25,000人程が受験しています。受験者の内訳は、一般、農業高校、専門学校、農業大学校、短期大学、四年制大学（主に農業系）、その他（農協等）です。

受験者数の推移

(人)

	1級	2級	3級	合計
2012年度	255	4,037	17,032	21,324
2013年度	293	3,859	18,405	22,557
2014年度	258	4,104	18,411	22,773
2015年度	245	4,949	18,926	24,120
2016年度	308	5,350	20,183	25,841
2017年度	277	5,743	20,681	26,701
2018年度	247	5,365	20,521	26,133
2019年度	266	5,311	19,992	25,569
2020年度※	206	3,015	18,790	22,011
2021年度	265	5,908	20,939	27,112
2022年度	243	5,024	17,932	23,199

※12月検定のみ実施

各受験者の合格率（2022年度）

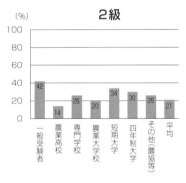

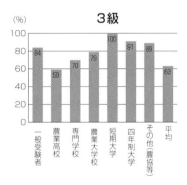

科目別合格率（2022年度）

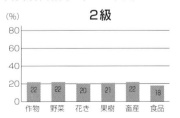

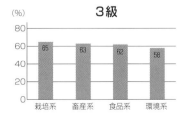

2 勉強方法と試験の傾向

● ● ● 3級 試験の概要 ● ● ●

　3級試験は、農業や食品産業などの関連分野に携わろうとする人を対象とし、農業基礎知識、技術の基本（農作業の意味がわかる入門レベル）について評価します。そのため、「技術や技能の基礎を理解していること」が求められます。

● ● ● 勉強のポイント ● ● ●

（1）出題領域を理解する

　3級試験は、共通問題30問、選択科目20問（栽培系・畜産系・食品系・環境系から1領域を選択）の合計50問です。共通問題は、農業に関すること全般と選択科目と同様の領域から出題されています。選択科目は、選択した分野の専門領域から出題されています。出題領域を的確に理解することが大事です。

（2）基本的な技術や技能の理論を理解する

　農業に関係する技術は、気候や環境などの違いによる地域性や栽培方法の多様性などがみられることが技術自体の特殊性ですが、この試験は、全国的な視点から共通することが出題されています。このため、基本的な技術や技能を理解することがポイントです。

（3）基本的な専門用語を理解する

　技術や技能を学び、そして実践する時に必要な基礎的な専門用語の理解度が求められています。基本的な専門用語を十分に理解することがポイントです。出題領域表の細目にはキーワードで例示していますので、その意味を理解しましょう。

（4）農産物づくりの技術や技能を理解し学ぶ

　実際の栽培技術・飼育技術・加工技術などについての知識や体験をもとに、理解力や判断力が求められます。適切な知識に基づく的確な判断は、良い農産物・安全で安心な食品づくりにつながります。このため、栽培作物の生育の特性のほか農産物づくりの技術や技能の的確さ、例えば、作業の選択・順番・機械器具の選択などを理解し学ぶことがポイントです。

●・・・傾向と対策・・・●

　出題領域（次頁参照）が公開されており、キーワードが明確になっているので専門用語などを理解することが求められています。

　出題領域は、範囲が広く、すべて把握するのは労力を要しますので、次のポイントを押さえ、効率的に勉強しましょう。

◎まずは、過去問題を解く。

◎過去問題から細目等の出題傾向をつかみ、対策を練る。

◎農業高等学校教科書（「農業と環境」ほか、選択科目別に発行）で問題の確認を行う（教科書については日本農業技術検定のホームページに掲載）。

◎問題の解説や３級テキスト（全国農業高等学校長協会発行）を参照する。

◎苦手な分野は、領域を確認しながら、農業高等学校教科書を参照して克服していく。

◎本番の試験では、過去問題と類似した問題も出題されるので、本書を何度も解く。

　主に次の分野では、特に下記の点に留意して、効率よく効果的に試験に取り組んでください。

栽培技術	農業技術は、自然環境を理解し、栽培の特性をうまく利用し地域の立地に合わせた農業技術が各地で実践されています。この試験では、まず対象となる農作物やその栽培環境を理解することが大事です。つまり、動植物特性、土壌や肥料の特徴、病害虫と雑草、栽培環境など代表的なものを十分理解し覚えることが必要です。農業用具の名称や扱い方、農業機械の種類とどのような時に使うのかを知ることも大事です。基本的な計算（肥料計算、農薬希釈率等）もできるように確認しておきましょう。
加工技術	食品の加工原料、加工方法、製品についての知識や技術の基本を理解し覚えましょう。また、食品に関する法律（食品衛生法、JAS法、食品表示法）も安全で安心な生産物を提供する立場として十分に理解しておくことが大事です。
わが国の農業	日頃、インターネット、新聞、テレビなどのメディアから日本農業についての重要な情報を仕入れておくと、試験に有利です。日本の食料自給率、輸入や輸出の関係、時事的なこと、日本の農業経営の特性なども出題されます。
環境技術	環境の共通問題は、平板測量や製図の知識が必要です。林業は、森林の種類・生態・育林・伐林の勉強も大事です。造園は、庭園の種類や造園施工技術、農業土木は、力学や農業土木施工技術、GNSS測量のことも勉強しておきましょう。

3 出題領域

科目	作物名・領域	単元	細目
共通	植物の生育	分類	自然分類（植物学的分類） 原種 種 品種 実用分類（農学的分類）
		種子とたねまき	発芽 種子の構造 有胚乳種子 無胚乳種子 胚乳 子葉 発芽条件 明発芽種子（好光性種子） 暗発芽種子（嫌光性種子） 種子の休眠
		植物の成長	栄養器官 生殖器官 根 葉 茎 芽 花 分裂組織 栄養成長 生殖成長 光合成 呼吸 蒸散 養水分の吸収
		花芽形成	花芽 花芽分化 日長 光周性 短日植物 長日植物 中性植物 感温性 感光性 春化処理（バーナリゼーション） 着花習性 雌雄異花 両性花
		種子と果実の形成	受粉 受精 重複受精 自家受粉 他家受粉 人工受粉 訪花昆虫 植物ホルモン 果菜類 根菜類 ポストハーベスト 自家和合性 自家不和合性
	栽培管理	栽培作業	耕起 予措 代かき 田植え 播種 覆土 育苗 定植 施肥 元肥 追肥 マルチング 中耕 土寄せ 芽かき 間引き 誘引 整枝 剪定 鉢上げ 鉢替え 摘心 うね立て 順化 作土 深耕 摘果 直播き 移植
		繁殖と育種	種子繁殖 栄養繁殖 さし木 さし芽 接ぎ木 クローン 組織培養 ウイルスフリー苗 育種 人工交配 品種 雑種第一代（F1） 実生苗 単為結果
		作付け体型と作型	作付け体型 作型 一毛作 二毛作 単作 混作 間作 連作 輪作 連作障害 普通栽培 促成栽培 抑制栽培 電照栽培 シェード栽培 有機栽培 適地適作 早晩生 田畑輪換
		栽培環境	気象要素 土壌要素 生物要素 大気環境 施設栽培 植物工場 風害 水害 冷害 凍霜害 干害 見かけの光合成 光飽和点 光補償点 陽生植物 陰生植物 生育適温 二酸化炭素濃度
	土・微生物・肥料	土壌	土の役割 母材 腐植 土性 土壌有機物 土の三相 単粒構造 団粒構造 土壌酸度（pH） 陽イオン交換容量 塩類濃度 EC 塩類集積 クリーニングクロップ 保水性 排水性 通気性 保肥性 地力 赤土 黒土 火山灰土 腐葉土 土壌生物 リン酸固定 窒素固定
		養分と肥料	必須元素 多量元素 微量元素 欠乏症状 肥料の三要素 肥料の種類 堆肥 厩肥 化学肥料 化成肥料 有機質肥料 速効性肥料 緩効性肥料 単肥 複合肥料 微量要素肥料
	病害虫・雑草防除	病害虫	土壌微生物 根粒菌 害虫 益虫 病徴 病原体 宿主 素因 主因 誘因 菌類 細菌 ウイルス ダニ類 センチュウ類 天敵 対抗植物 加害様式 鳥獣害 空気伝染性 土壌伝染性 総合的病害虫管理（IPM）
		雑草	畑地雑草 水田雑草 除草剤
		防除法	農薬 化学的防除法 生物的防除法 物理的防除法 ポジティブリスト ドリフト
	農業用具		くわ、レーキ、シャベル、かま、フォーク 屈折糖度計
	農産物の加工	農産物加工の意義	食品の特性 貯蔵性 利便性 嗜好性 簡便性 栄養性
		農畜産物加工の基礎	食品標準成分表による分類、加工、貯蔵法による分類
			炭水化物 脂質 タンパク質 無機質 ビタミン
		食品の変質と貯蔵	生物的要因 物理的要因 化学的要因
			貯蔵法の原理 乾燥 低温 空気組成 殺菌 食塩・砂糖・酢 くん煙
		食品衛生	食品衛生 食中毒の分類 食品による危害 食品添加物
		加工食品の表示	食品衛生法 JAS法 健康増進法 食品表示法
			包装の目的・種類 包装材料 包装技術
		農産物の加工	穀類・豆類・種実・いも類・野菜類・果菜類の加工特性
		畜産物の加工	肉類・牛乳・鶏卵の加工特性

- 8 -

科目	作物名・領域	単元	細目
共通	家畜飼育の基礎	家畜の成長・繁殖・品種	家畜分類 乳牛・豚の妊娠期間 発情周期
		ニワトリの飼育	卵用種 肉用種 卵肉兼用種
			ふ卵器 就巣性 ニワトリのふ化日数
			育すう 給餌
			そのう せん胃 筋胃 総排せつ腔
			雌の生殖器官 産卵周期
			飼料要求率 換羽
			ニューカッスル病 鶏痘
			鶏卵の構造 卵の品質
		ブタの飼育	大ヨークシャー バークシャー ランドレース ハンプシャー デュロック
		ウシの飼育	ホルスタイン ジャージー ガーンジー ブラウンスイス
			年間搾乳量 体温 飼料標準 フリーストール・フリーバーン方式
			乳房の構造 乳成分 乳量
			市乳 ナチュラルチーズ プロセスチーズ バター アイスクリーム
			黒毛和種
	農業経営と食料供給	農業の動向・我が国の農業経営	農家 農業経営の特徴 農業の担い手 輸入の動向 6次産業化 食料自給率
			広い気候群 豊かな降水量 土壌構造 複雑な地形 多様な生態系 農業資源大国 持続可能な農業
			農業の多面的機能 フードシステム 日本型食生活 食育 ポジティブリスト トレーサビリティー 生産履歴 地産地消 バイオマス バイオマスエネルギー
			農業就業人口 専業農家 第1種兼業農家 第2種兼業農家 農地所有適格法人 食料・農業・農村基本法 農地法 集落営農
			農地 耕地 農地利用率 水田・畑・樹園地・牧草地 施設園芸 耕作放棄地 1戸あたり耕地面積
			農業産出額 品目別・地域別農業産出額
			単収 化学化・機械化 耕地利用率 連作障害 持続可能農業 環境保全型農業 有機農産物
		食品産業と食料供給	食品製造業 外食産業 中食産業 食品リサイクル
			卸売市場 集出荷組織 契約栽培 農産物直売所 契約出荷 産地直売
			経営戦略 農地の流動化 規模の拡大 集約度
			共同作業・共同利用 法人化 受委託 地域ブランド
		農業の動向と課題	食料自給率 主な品目の自給率
			余剰窒素・リン 農薬使用量 フードマイレージ 仮想水 生物多様性 絶滅危惧種
			環境保全型農業 有機農業 有機農産物 エコファーマー 低投入持続型農業 再生可能エネルギー 物質循環 GAP（農業生産工程管理）
			新規就農者 担い手不足 耕作放棄地の増加 農商工連携
	暮らしと農業・農村	農業の多面的機能	グリーンツーリズム 市民農園 里山 国土環境保全機能 生物多様性 都市農村交流 園芸療法 観光農園 地域文化
		地域文化の継承・発展	農村文化・芸能 歴史的遺産 神事・祭り 在来植物
		環境と農業	食物連鎖 生態系 個体群 生物群
			地球温暖化 生物多様性の減少 森林面積の減少 水不足 異常気象 土壌砂漠化
選択　栽培系	農業機械	乗用トラクタ	三点支持装置 油圧装置 PTO軸 トラクタの作業と安全
		歩行型トラクタ	主クラッチ 変速措置 Vベルト かじ取り装置
		耕うん・整地用機械	ロータリ耕うん すき はつ土板プラウ ディスクハロー
		穀類の収穫調整機械	自脱コンバイン 普通コンバイン バインダ 穀物乾燥機 ライスセンタ カントリエレベータ ドライストア 精米機 もみすり機

科目	作物名・領域	単元	細目
選択 栽培系	工具類	レンチ	片ロスパナ 両口スパナ オフセットレンチ ソケットレンチ
		プライヤ	ニッパ ラジオペンチ コンビネーションプライヤ
		ドライバ	プラスドライバ マイナスドライバ
		ハンマ	片手ハンマ プラスチックハンマ
		その他工具	プーラ 平タガネ タップ ダイス ノギス ジャッキ 油さし グリースガン
	農業施設	園芸施設	ガラス室 ビニルハウス 片屋根型 両屋根型 パイプハウス 養液栽培 連棟式・単層式 塩化ビニル 被服資材 プラスチックハウス
		施設園芸用機械・装置	温風暖房機 温水暖房機 電熱暖房機 ヒートポンプ 環境制御機器
	燃料		重油 軽油 灯油 ガソリン LPG バイオマス
	農業経営		貸借対照表 資産・負債
	作物	イネ	たねもみ 塩水選 芽だし うるち米 もち米 各部形態 葉齢 発芽特性 分けつ
			選種 代かき 育苗箱 分けつ 主かん 緑化 硬化 水管理（深水、中干し、間断かんがい、花水） 収穫診断 収穫の構成要素 作況指数 いもち病 紋枯れ病 ヒメトビウンカ ツマグロヨコバイ
		スイートコーン	分けつ 発芽特性 枝根 とうもろこしの種類 雌雄異花 雑種強勢
		ダイズ	連作障害 無胚乳種子 早晩生 種子形態 発芽特性 結きょう率 葉の成長（子葉、初生葉、複葉）
			ウイルス病 紫はん病 アオクサカメムシ ダイズサヤタマバエ マメクイシンガ ヒメコガネ シロイチモンジュメイガ
		ジャガイモ	救荒作物 ほう芽 休眠 着らい期 緑化 ふく枝
			種イモ準備 貯蔵 えき病 そうか病 ニジュウヤホシテントウ センチュウ ハスモンヨトウ
		サツマイモ	救荒植物 つるぼけ
			採苗 植え付け 除草 収穫 貯蔵
	野菜	トマト	果実の生育
			ウイルス病 アブラムシ えき病 葉かび病 灰色かび病 輪もん病 しり腐れ病 空洞果 すじ腐れ果 裂果
		キュウリ	雌花・雄花 ブルーム（果粉） 無敗乳種子 浅根性
			作型 播種 接ぎ木 鉢上げ 誘引 整枝 追肥 かん水 べと病 つる枯れ病 炭そ病 うどんこ病 アブラムシ ウリハムシ ハダニ ネコブセンチュウ
		ハクサイ	ウイルス病 軟腐病 アブラムシ コナガ モンシロチョウ ヨトウムシ
		ダイコン	キスジノミハムシ アブラムシ 苗立ち枯れ病 いおう病 ハスモンヨトウ
		ナス	着果習性 花芽分化 長花柱花
			作型 半枯れ病 褐紋病 ハダニ類 アブラムシ類 石ナス つやなし果
		イチゴ	花芽分化 休眠 開花・結実 ランナー発生
			作型 炭そ病 い黄病 うどんこ病 アブラムシ類 ハダニ類
		スイカ	つるわれ病 うどんこ病 炭そ病 害虫
	草花	花の種類	サルビア ニチニチソウ ペチュニア マリーゴールド パンジー ハボタン スイートピー ケイトウ
			キク カーネーション ガーベラ シロタエギク
			（リン茎）チューリップ ユリ スイセン （球茎）グラジオラス フリージア （塊茎）シクラメン （根茎）カンナ カラー （塊根）ダリア ナランキュラス
			シンビジウム カトレア類 ファノレプシス
			アナナス類 ドラセナ類 フィカス類
			ベゴニア プリムラ類 アザレア アジサイ ゼラニウム インパチェンス シクラメン

科目	作物名・領域	単元	細目
選択　栽培系	果樹	基礎用語・技術	株分け　分球　セル成型苗　取り木　さし芽　さし木　種子繁殖　栄養繁殖
			育苗箱　セルトレイ　素焼き鉢　プラ鉢　ポリ鉢
			水苔　バーミキュライト　パーライト　鹿沼土　ピートモス　軽石　バーク類　赤土
			腰水　マット給水　ひも給水
		果樹の種類	リンゴ　ナシ　モモ　カキ　ブドウ　ウメ
			かんきつ類　ビワ
		植物特性	休眠　生理的落果　和合性・不和合性　ウイルスフリー　結果年齢　隔年結果・幼木・若木・成木・老木　受粉樹　葉芽・花芽
		栽培管理	摘果　摘粒　摘心
			主幹形　変則主幹形　開心自然形　棚栽培　強せん定・弱せん定　切り返し　間引き　主幹　主枝　側枝　徒長枝　発育枝　頂部優勢
			草生法　根域制限（容器栽培）
			夏肥（実肥）　秋肥（礼肥）　春肥（芽だし肥）　葉面散布　有機物施用　深耕　清耕法
			台木　穂木　枝接ぎ　芽接ぎ
			袋かけ　摘果　摘らい　摘花
選択　食品系	食品加工	食品加工の意義	食品の特性　貯蔵性　利便性　嗜好性　簡便性　栄養性
		食品加工の基礎	食品標準成分表　乾燥食品　冷凍食品　塩蔵・糖蔵食品　レトルト食品　インスタント食品　発酵食品
			炭水化物　脂質　タンパク質　無機質　ビタミン　機能性
		食品の変質と貯蔵	生物的要因　物理的要因　化学的要因
			貯蔵法の原理　乾燥　低温　空気組成　殺菌　浸透圧　pH　くん煙
		食品衛生	食品衛生　食中毒の分類　有害物質による汚染　食品による感染症・アレルギー　食品添加物
		食品表示と包装	食品衛生法　JAS法　健康増進法
			包装の目的・種類　包装材料　包装技術　容器包装リサイクル法
		農産物の加工	米　麦　トウモロコシ　ソバ　デンプン　米粉　製粉　餅　パン　菓子類　まんじゅう　めん類
			大豆加工品　ゆば　豆腐・油揚げ　納豆　みそ　しょうゆ　テンペ
			いもデンプン　ポテトチップ　フライドポテト　切り干しいも　いも焼酎　こんにゃく
			野菜類成分特性　冷凍野菜　カット野菜　漬物　トマト加工品
			果実類成分特性　糖　有機酸　ペクチン　ジャム　飲料　シロップ漬け　乾燥果実
		畜産物の加工	肉類の加工特性　ハム　ソーセージ　ベーコン　スモークチキン
			牛乳の加工特性　検査　牛乳　発酵乳　発酵飲料乳　チーズ　アイスクリーム　クリーム　バター　練乳　粉乳
			鶏卵の構造　鶏卵の加工特性　マヨネーズ　ゆで卵
		発酵食品	発酵　腐敗　細菌　糸状菌　酵母
			みそ・しょうゆ製造の基礎　原料　麹　酵素
			酒類製造の基礎　酵素　ワイン　ビール　清酒　蒸留酒
		製造管理	品質管理の必要性　従業員の管理と教育　設備の配置と管理
選択　畜産系	飼育学習の基礎	家畜の成長と繁殖・品種	交配　泌乳　肥育　妊娠期間
		ニワトリの飼育	ロードアイランドレッド種　白色プリマスロック種　白色コーニッシュ種　名古屋種
			転卵
			産卵とホルモン
			クラッチ　ペックオーダー　カンニバリズム　デビーク
			マイコプラズマ感染症　マレック病

科目	作物名・領域	単元	細　目
選択　畜産系			鶏卵の加工と利用
			ブロイラーの出荷日数
		ブタの飼育	ブタの品種略号
			生殖器　分娩　ブタの飼料・給与基準　妊娠期間　各部位の名称
			豚熱　流行性脳炎　SEP　オーエスキー病　トキソプラズマ症
		ウシの飼育	BCS　DMI　ME　搾乳方法
			乳質　乾乳期　飼料設計
			乳房炎　フリーマーチン　ケトーシス　カンテツ病
			褐毛和種　日本短角種　無角和種　ヘレフォード種　アバディーンアンガス種
			肥育様式　去勢　人工授精
			肉質　各部分の名称
		その他	愛玩動物
選択　環境系	測量	平板測量	アリダード各部の名称　アリダードの点検　平板のすえつけ（標定）　道線法　放射法　交会法　示誤三角形
		水準測量	オートレベル　チルチングレベル　電子レベル　ハンドレベル　標尺（スタッフ）　日本水準原点
			水準点（B，M）　野帳の記入法（昇降式、器高式）
	製図		製図用具　製図の描き方　文字・数字　線　製図記号（断面記号）
			外形線　寸法線
	林業	森林の生態	森林の生態と分布・遷移　植生型　林木の生育と環境　年輪　土壌
		森林の役割	森林の役割　森林の種類　森林の面積　森林の状況　森林機能　森林の蓄積　木材自給率
		林木の生育と環境	主な樹木の性状
		木材の測定	材積計算
		主な育林対象樹種	スギ　ヒノキ　アカマツ　カラマツ　コナラ　クヌギ　トドマツ
		更新	地ごしらえ　植え付け
		樹木の保育作業	下刈り　除伐　間伐　枝打ち　つる切り
		木材の生産	伐採の種類　伐採の方法　受口と追口　林業機械　高性能林業機械　法正林
		森林の測定	胸高直径　樹高測定　測竿　標準地法
		森林管理	森林経営管理法　森林環境税制
	造園	環境と造園の様式	枯山水庭園　茶庭　回遊式庭園　アメリカの造園
		造園製図の基礎	平面図　立面図　透視図　植栽図
		公園の計画・設計	街区公園　近隣公園　地区公園
		造園樹木	アジサイ　イチョウ　イヌツゲ　イロハモミジ　ウバメガシ　クスノキ　クロマツ　ケヤキ　サクラ類　シラカシ　スギ　ツツジ類　ツバキ類　ドウダンツツジ　ハナミズキ　マダケ　モウチクソウ
		樹木の移植・支柱	根回し　支柱法（八つ掛け・鳥居型・布掛け）
		石灯籠	織部灯籠　春日灯籠　雪見灯籠
		竹垣	四つ目垣と各部の名称
		造園樹木の管理	整地・せん定　チャドクガ　赤星病　てんぐす病　対生　互生　輪生　庭木の繁殖
	農業土木	設計と力学	力の三要素　モーメント　力の釣り合い　応力　ひずみ　弾性
		農業の基盤整備	ミティゲーション　客土　混層耕　心土破砕　除礫　不良土層排除　床締め　土壌水分
		水と土の基本的性質	静水圧　パスカルの原理　流速　流量　コロイド　粘土　シルト　砂礫
		観測	GNSS測量
		施工	材料　ダム

（注）以上の出題領域は目安であり、文部科学省検定高等学校農業科用教科書「農業と環境」
　　　の内容はすべて対象となります。

2022年度　第1回（7月9日実施）

日本農業技術検定　3級　試験問題

◎受験にあたっては、試験官の指示に従って下さい。
　指示があるまで、問題用紙をめくらないで下さい。
◎受験者氏名、受験番号、選択科目の記入を忘れないで下さい。
◎問題は全部で50問あります。1〜30が農業基礎、31〜50が選択科目です。
◎選択科目は4科目のなかから1科目だけ選び、解答用紙に選択した科目をマークして下さい。選択科目のマークが未記入の場合には、得点となりません。
　環境系の41〜50は造園、農業土木、林業から更に1つ選んで下さい。
　選択科目のマークが未記入の場合には、得点となりません。
◎すべての問題において正答は1つです。1つだけマークして下さい。
2つ以上マークした場合には、得点となりません。
◎総解答数は、どの選択科目とも50問です。それ以上解答しないで下さい。
◎試験時間は40分です（名前や受験番号の記入時間を除く）。

【選択科目】

栽培系	p.23〜29
畜産系	p.30〜34
食品系	p.35〜40
環境系	p.41〜54

解答一覧は、「解答・解説編」（別冊）の2ページにあります。

日付			
点数			

農業基礎

1 □□□

発芽の三条件として、最も適切なものを選びなさい。
　①温度、二酸化炭素、水
　②温度、酸素、水
　③光、酸素、水
　④光、温度、酸素

2 □□□

雌雄異花の植物形態をもつ野菜として、最も適切なものを選びなさい。
　①キュウリ
　②ナス
　③トマト
　④ダイコン

3 □□□

左が開花時、右が結実時の写真である。この野菜と同じ科名に分類される野菜として、最も適切なものを選びなさい。

①ピーマン
②ハクサイ
③ダイズ
④スイカ

4 □□□

発芽などの初期生育に必要な養分を子葉に貯蔵している種子として、最も適切なものを選びなさい。
①ダイズ
②イネ
③トウモロコシ
④トマト

5 □□□

土壌の pH の説明として、最も適切なものを選びなさい。
①電気伝導度
②土壌水分値
③水素イオン濃度指数
④陽イオン交換容量

6 □□□

ダイコンの科名として、最も適切なものを選びなさい。
①ウリ科
②キク科
③ナス科
④アブラナ科

7 □□□

種子植物の生育の順序として、最も適切なものを選びなさい。
①栄養成長　→　発芽　　　→　生殖成長
②生殖成長　→　発芽　　　→　栄養成長
③発芽　　　→　栄養成長　→　生殖成長
④発芽　　　→　生殖成長　→　栄養成長

8 □□□

植物の営みとして、最も適切なものを選びなさい。
①光合成とは、光エネルギーを利用して、水と二酸化炭素から炭水化物を合成するはたらきである。
②呼吸は、炭水化物を水と酸素にする反応で、このときに発生するエネルギーで生命活動を支えることである。
③蒸散は、葉の気孔から大気中の水分を吸収するはたらきである。
④呼吸は気温が低いと活発になるため、夜間が高温であると光合成物質の消費は少ない。

9 □□□

夏にはイネ、冬にはレタスを栽培するように、同じ耕地を1年間に2回利用して異なる作物を栽培することを何というか、最も適切なものを選びなさい。
①混作
②連作
③二期作
④二毛作

10 □□□

次の説明にあてはまる元素として、最も適切なものを選びなさい。

「葉や茎・根の生育に多くの量が必要な必須元素で、欠乏すると下葉や古い葉から葉全体の色が淡緑色ないしは黄色になる。」

①マンガン
②亜鉛
③窒素
④カルシウム

11 □□□

土壌の酸性を矯正する資材として、最も適切なものを選びなさい。
①油かす
②苦土石灰
③塩化カリ
④化成肥料

12 □□□

腐植（土壌有機物）のはたらきとして、最も適切なものを選びなさい。
①肥料の三要素を補給する。
②固相の割合を増加させる。
③土の団粒化を促進する。
④土中の微生物を減少させる。

13 □□□

肥料の種類の組み合わせとして、最も適切なものを選びなさい。

	有機質肥料	単一肥料	複合肥料
①	鶏ふん	硫安	普通化成
②	硫安	普通化成	鶏ふん
③	普通化成	鶏ふん	高度化成
④	鶏ふん	高度化成	硫安

14 □□□

畑地雑草のカヤツリグサとして、最も適切なものを選びなさい。

① ② ③ ④

15 □□□

雑草の発生を抑制する方法として、最も適切なものを選びなさい。
　①表土と深層土を入れ替えて、雑草のたねを土中に深く埋める。
　②田畑に作物のたねを直接まくことで雑草を少なくする。
　③雑草のたねが十分にできるまで待ってから除草する。
　④殺虫剤を散布して雑草を枯らす。

16 □□□

害虫の種類と食性の組み合わせとして、最も適切なものを選びなさい。
　①ハダニ　　　―　食害
　②コナガ　　　―　吸汁
　③ヨトウムシ　―　吸汁
　④バッタ　　　―　食害

17 ☐☐☐

ウイルスを媒介する害虫として、最も適切なものを選びなさい。
　①アオムシ
　②アブラムシ
　③ケムシ
　④コガネムシ

18 ☐☐☐

総合的病害虫管理（IPM）の考え方の説明として、最も適切なものを選びなさい。
　①単一の防除技術のみで防除することが望ましい。
　②ほ場内では害虫や雑草は徹底的に防除をして完全になくす。
　③病害虫や雑草が発生する前に、あらかじめ大量の農薬を散布しておく。
　④農業生態系における自然制御機能を活用する。

19 ☐☐☐

ニワトリの品種のうち、卵用種として最も適切なものを選びなさい。
　①白色レグホーン種
　②名古屋種
　③横はんプリマスロック種
　④白色コーニッシュ種

20 ☐☐☐

雑食動物に分類される家畜として、最も適切なものを選びなさい。
　①ウシ
　②ブタ
　③ウマ
　④ヒツジ

21 ☐☐☐

家畜の飼料の説明として、最も適切なものを選びなさい。
　①飼養標準は家畜に必要な養分要求量を示したものである。
　②栄養分含量の高い穀類やマメ類は粗飼料に分類される。
　③ブタなどの配合飼料の原料は国産の占める割合が高い。
　④繊維質が豊富な牧草や乾草などを濃厚飼料という。

22 □□□

食品の三大栄養素の組み合わせとして、正しいものを選びなさい。
①炭水化物 ─ タンパク質 ─ ビタミン
②炭水化物 ─ 脂質 ─ タンパク質
③脂質 ─ タンパク質 ─ ビタミン
④炭水化物 ─ 脂質 ─ ビタミン

23 □□□

もみ殻を取り除いた状態の米の名称として、最も適切なものを選びなさい。
①精白米
②胚芽精米
③半つき米
④玄米

24 □□□

食品衛生法により基準が設定されていない農薬などが一定以上含まれる食品の流通を原則禁止する制度の名称として、最も適切なものを選びなさい。
①フードシステム
②ポジティブリスト
③ネガティブリスト
④トレーサビリティ

25 □□□

簿記における「買掛金」は、次の要素のどれにあてはまるか、最も適切なものを選びなさい。
①負債
②資本
③資産
④収益

26 □□□

農林漁業者が生産と加工・販売までのすべてを一体化して取り組むものとして、最も適切なものを選びなさい。
①農福連携
②6次産業化
③都市と農村の交流
④地産地消

27 □□□

わが国のフードシステムを示した模式図の A〜D には、外食産業、小売業者、卸売業者、卸売市場のうちのいずれかがあてはまる。A にあてはまるものとして、最も適切なものを選びなさい。
①外食産業
②小売業者
③卸売業者
④卸売市場

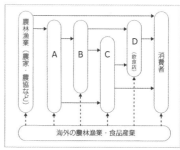

28 □□□

農業・農村の社会的な機能（役割）のうち、国土保全機能に該当するものとして、最も適切なものを選びなさい。
①農業の最も重要な役割は、良質で安全・安心な食料を安定的に消費者に供給することである。
②森林や、作物がよく育っている田畑は、まわりの気温の変化をやわらげ、窒素酸化物やイオウ酸化物などの大気汚染物質をよく吸収し、砂ぼこりの発生をおさえ、大気を浄化する機能がある。
③森林や農地は、土壌の浸食や土砂の崩壊の防止、洪水の調節や防止、水源をかん養して河川の水量を安定させるなどの効果も大きい。
④農村は多様な生物の宝庫である。

29 □□□

レッドデータブックの説明として、最も適切なものを選びなさい。
①生態系が人間に無償でもたらしてくれるサービス。
②海外から導入された野生生物のリスト。
③絶滅のおそれのある野生生物のリストに生態学的情報などを加えて詳述したもの。
④地球規模での生物多様性が高いにもかかわらず、破壊の危機にひんしている地域のリスト。

30 □□□

地球温暖化の説明として、最も適切なものを選びなさい。
①地球温暖化とは、宇宙に逃げる熱が多くなることである。
②人間の活動によって、大量の二酸化炭素が大気中に放出されるために起こる現象である。
③太陽のエネルギーの増加が、おもな原因である。
④大気中の窒素の増加が原因である。

選択科目（栽培系）

31 □□□

　田植え後の活着がよく、成長の良い苗の診断として、最も適切なものを選びなさい。
　　①葉齢は、第1葉が出ていれば良い。
　　②苗全体の成長はそろわなくても、病害虫におかされていなければ良い。
　　③移植法にかかわらず、苗が大きいことが重要である。
　　④風乾重が大きく、乾物率や充実度が高いことが重要である。

32 □□□

　水稲栽培における代かきの目的として、最も適切なものを選びなさい。
　　①植え付けのために、トラクタで土を踏み固めて硬くする。
　　②土の水持ちをよくし、表面を平らにして、水の深さを一様にする。
　　③肥料を土中に押し込み、排水性をよくする。
　　④雑草の種子を表層に出し、発生を促す。

33 □□□

　単為結果性の強い野菜として、最も適切なものを選びなさい。
　　①イチゴ
　　②ナス
　　③キュウリ
　　④スイートコーン

34 □□□

　栽培用の大玉トマトの生育特性について、最も適切なものを選びなさい。
　　①太陽の強い光より半日陰の方が、品質の良い果実が収穫できる。
　　②土壌水分の急激な変化によって裂果しやすい。
　　③根は浅根性である。
　　④昼夜の温度差が少ない方がよい。

35 □□□

トマトは第1花房の分化後、本葉の何枚ごとに花房をつけるか、最も適切なものを選びなさい。
①1枚
②2枚
③3枚
④4枚

36 □□□

キュウリの生育特性について、最も適切なものを選びなさい。
①根は深根性である。
②ツル性であるが巻きひげがないため、ネット栽培等においてもヒモによる結束・誘引が必要である。
③接ぎ木効果はないため、実生苗のみである。
④土の乾燥には弱く、水分不足になると生育や果実の肥大が抑制される。

37 □□□

長日条件で花芽分化するものとして、最も適切なものを選びなさい。
①ホウレンソウ
②キャベツ
③ハクサイ
④ネギ

38 □□□

写真の害虫がおもに食害する野菜として、最も適切なものを選びなさい。
①ジャガイモ
②ハクサイ
③ニンジン
④トウモロコシ

39 □□□

ジャガイモ栽培の説明として、最も適切なものを選びなさい。
　①ジャガイモの種いもは、芽に関係なく、いもの大きさをそろえて切る。
　②しっかりとした太い芽にするために、浴光育芽をする。
　③植え付け後の初期生育を促進するために、種いもに接するように施肥する。
　④植え付け後は芽に光を当てる必要があるため、覆土はしない。

40 □□□

トウモロコシに関する説明として、最も適切なものを選びなさい。
　①両性花で、自家受粉する。
　②両性花で、他家受粉である。
　③雌雄異花で、雄穂が茎の先端に、雌穂が茎の中間につく。
　④雌雄異花で、雄穂が茎の中間に、雌穂が茎の先端につく。

41 □□□

ダイズに関する説明として、最も適切なものを選びなさい。
　①根に根粒菌が共生するが、空気中の窒素分は利用できない。
　②発芽に必要な栄養分は、イネと同様に胚乳に蓄えられている。
　③納豆の原材料となるのは、未成熟の状態で収穫した枝豆である。
　④子実にタンパク質と脂質を比較的多く含み、「畑の肉」と呼ばれる。

42 □□□

秋まき一年草に分類される草花として、最も適切なものを選びなさい。
　①ペチュニア
　②マリーゴールド
　③サルビア
　④パンジー

43 □□□

春植え球根に分類される草花として、最も適切なものを選びなさい。
　①チューリップ
　②スイセン
　③ユリ
　④ダリア

44 ☐☐☐

次の草花の名称として、最も適切なものを選びなさい。
　①ペチュニア
　②マリーゴールド
　③ケイトウ
　④サルビア

45 ☐☐☐

キク科の草花として、最も適切なものを選びなさい。

① ② ③ ④

46 □□□

　写真 A、B は国内の代表的な果樹の開花のようすである。果樹の名称の組み合わせとして、最も適するものを選びなさい。

A

B

	A		B
①	ブドウ	―	カンキツ
②	ウメ	―	ビワ
③	ナシ	―	モモ
④	リンゴ	―	カキ

47 □□□

　写真はリンゴの栽培管理作業の前後を表している。この管理作業の説明として、最も適切なものを選びなさい。

栽培管理前　　　　　　　　　　　　　栽培管理後

　①葉と花を摘む摘葉・摘花
　②受精果のみを残し、不受精果を摘む摘蕾
　③果房内の果粒を摘む摘粒
　④果そうの中心果を残し、側果を摘む摘果

48 □□□

　黒色のポリエチレンフィルムでマルチングを行うことによる効果について、最も適切なものを選びなさい。
　①土壌の水分保持、雑草抑制、地温上昇
　②土壌の乾燥、雑草抑制、地温保持
　③土壌の水分保持、アブラムシ防除、地温低下
　④土壌の乾燥、土壌病害防除、地温上昇

49 □□□

　畑にカリウムを成分量で 4 kg 施用するには、下記の表示がある肥料を何 kg 用意すればよいか、正しいものを選びなさい。
　①25kg
　②32kg
　③40kg
　④50kg

$$10-16-8$$

写真の農業機械（管理用）に使用される燃料として、最も適切なものを選びなさい。

①重油
②軽油
③灯油
④ガソリン

選択科目（畜産系）

31 □□□

次の繁殖周期をもつ家畜として、最も適切なものを選びなさい。

「周年繁殖動物で、発情周期は20〜21日、妊娠期間は約280日。」

①ウマ
②ウシ
③ヒツジ
④ブタ

32 □□□

家畜の成育に適した飼育環境において太陽光が果たす役割として、最も適切なものを選びなさい。
①ふ化を早める。
②性成熟を早める。
③反すうの回数を増やす。
④ビタミンDの合成をうながす。

33 □□□

ニワトリの品種と卵殻色の組み合わせとして、最も適切なものを選びなさい。
①横はんプリマスロック種　　　―　　赤（茶褐色）
②白色レグホーン種　　　　　　―　　薄青
③名古屋種　　　　　　　　　　―　　白
④ロードアイランドレッド種　―　　白

34 □□□

ニワトリの大びな期の管理方法として、最も適切なものを選びなさい。
　①雌雄鑑別を行い、雌を選んで育てる。
　②飼育面積を狭くして、競争意識を高める。
　③尻つつきを発生させ、最も強い個体を飼育する。
　④タンパク質の比較的少ない大びな用飼料を給与する。

35 □□□

ブロイラーの出荷週齢として、最も適切なものを選びなさい。
　① 4 週齢
　② 8 週齢
　③12週齢
　④14週齢

36 □□□

ニワトリを解剖したときの様子として、最も適切なものを選びなさい。
　①くちばしを開くと、硬い歯が生えていた。
　②腺胃の中には、餌と一緒に食い込んだ細かい石が見られた。
　③頸動脈を切ったあと、とさかの色は変わらなかった。
　④消化管と卵管が総排せつ腔につながっていた。

37 □□□

ニワトリが感染するマレック病の原因として、最も適切なものを選びなさい。
　①マイコプラズマ
　②原虫
　③ウイルス
　④細菌

38 □□□

ブタの品種の略号と品種の組み合わせとして、正しいものを選びなさい。
　①L　－　デュロック種
　②B　－　大ヨークシャー種
　③W　－　バークシャー種
　④H　－　ハンプシャー種

39 □□□

　ブタの行動の説明として、最も適切なものを選びなさい。
　①土を掘って木の根を食べるなど、草食性である。
　②睡眠時間は乳牛の約半分である。
　③地面に体を横たえて、水や泥を体に塗りつけるヌタうちを行う。
　④湿った場所に排せつしたがる習性があり、そこを寝床にもする。

40 □□□

　ブタの受精卵の着床・胎子の発育が行われる部位として、最も適切なものを選びなさい。
　①ア
　②イ
　③ウ
　④エ

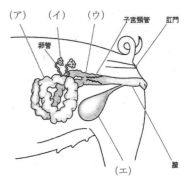

41 □□□

　令和2年におけるブタの産出額が最も多い都道府県として、最も適切なものを選びなさい。
　①北海道
　②岩手県
　③群馬県
　④鹿児島県

42 □□□

　ジャージー種の説明として、最も適切なものを選びなさい。
　①性格は温厚で、乳生産量が多く、白黒・赤白等の斑紋がある。
　②小柄な体格で、性格はやや神経質。乳脂率は5％以上。
　③性格は温厚で強健。放牧に向き、乳の固形分含量が高い。
　④赤肉生産向きの肉用種で、毛色は全身クリームがかった白色。

43 □□□

出生した子牛の管理方法として、最も適切なものを選びなさい。
　①耳標を装着する。
　②ディッピングを行う。
　③乾乳を行う。
　④つなぎ飼いで飼育する。

44 □□□

乳牛の特性の説明として、最も適切なものを選びなさい。
　①平均体温はニワトリよりも高い。
　②年間約3,000kgの牛乳を生産する。
　③高温多湿の環境下では、牛乳の生産量が減少する。
　④1日の排尿量は約5kgである。

45 □□□

乳牛の乾乳期間として、最も適切なものを選びなさい。
　①10日
　②60日
　③110日
　④160日

46 □□□

ウシの主食となりうる粗飼料として、最も適切なものを選びなさい。
　①ビートパルプ
　②ふすま
　③大豆かす
　④チモシー

47 □□□

乳房炎に関する説明として、最も適切なものを選びなさい。
　①飼料中のマグネシウム不足が原因である。
　②凝固物を含んだり、水のように薄い乳汁を排出する。
　③家畜伝染病予防法によって定められた法定伝染病である。
　④静脈へのブドウ糖注入などで症状は改善する。

48　□□□

フリーマーチンの説明として、最も適切なものを選びなさい。
　　①雄雌の双胎児の場合に、生まれてきた子牛がともに虚弱になること。
　　②雄雌の双胎児の場合に、雌が生殖不能となること。
　　③雄雌の双胎児の場合に、雄が生殖不能となること。
　　④雄雌の双胎児の場合に、生まれてきた子牛に奇形が生じること。

49　□□□

アニマルウェルフェアの説明として、最も適切なものを選びなさい。
　　①動物のもついやし効果を、人間の病気治療に取り入れること。
　　②生活していく上で人間とより密接な関係をもっている動物のこと。
　　③動物とのふれあいを通じた人間の生活の質の向上を目的とする活動のこ
　　　と。
　　④動物の生活とその死に関わる環境と関連する動物の身体的・心的状態のこ
　　　と。

50　□□□

写真の機械の名称として、最も適切なものを選びなさい。
　　①ブロードキャスタ
　　②モーアコンディショナ
　　③マニュアスプレッダ
　　④ロールベーラ

選択科目（食品系）

31 □□□

　食品のもつ機能性からみた場合の第二次機能として、最も適切なものを選びなさい。
　　①安全性
　　②利便性
　　③嗜好性
　　④貯蔵性

32 □□□

　野菜・いも・果実類に多く含まれ、細胞の浸透圧調節や栄養素の輸送がおもなはたらきの無機質として、最も適切なものを選びなさい。
　　①カルシウム
　　②カリウム
　　③鉄
　　④ヨウ素

33 □□□

　小麦（脱穀・乾燥後の玄穀）の成分組成のうち、一番多く含まれる栄養素として、最も適切なものを選びなさい。
　　①炭水化物
　　②脂質
　　③タンパク質
　　④無機質

34 □□□

βデンプンの説明として、最も適切なものを選びなさい。
①生の米に含まれている状態のデンプンで、密な構造のため食べても消化されにくい。
②生の米に水を加えて加熱した状態のデンプンで、ほぐれた構造のため消化しやすい。
③炊いたご飯を冷やした状態のデンプンで、部分的に密な構造のため、ぼそぼそとした食感である。
④高温のまま乾燥した状態のデンプンで、ビスケットやせんべい・即席麺などに含まれている。

35 □□□

放置すると酸敗しやすい不飽和脂肪酸を多く含む油脂として、最も適切なものを選びなさい。
①バター
②牛脂
③やし油
④魚油

36 □□□

食品成分表による食品群の組み合わせとして、最も適切なものを選びなさい。
①穀類　　―　サツマイモ
②種実類　―　豆腐
③油脂類　―　ショートニング
④豆類　　―　コーヒー

37 □□□

下記の説明の（A）（B）に入る語句の組み合わせとして、最も適切なものを選びなさい。

「漬け物など野菜の原料の回りの塩分濃度を高めると、細胞外の（A）が高まり、細胞が（B）される。このことを原形質分離という。」

　　　A　　　　　B
①温度　　―　膨張
②湿度　　―　乾燥
③浸透圧　―　脱水
④真空圧　―　重合

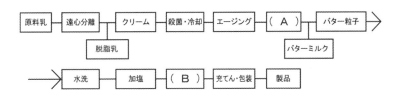

38 □□□

サツマイモを皮付きのまま蒸煮した後、剥皮・薄切りしたものを乾燥して製造する加工品として、最も適切なものを選びなさい。
①インスタントマッシュポテト
②スイートポテトチップ
③大学いも
④切干しいも

39 □□□

パン生地の発酵状態を見極めるフィンガーテストの説明として、最も適切なものを選びなさい。
①生地を指で押したところ、空気が抜けてしぼんだので、発酵不足の状態である。
②生地を指で押した部分が膨らんで盛り上がったので、発酵過多の状態である。
③生地を指で押したところ、指跡がそのまま残ったので、発酵完了の状態である。
④生地を指で押したところ、指跡が完全に戻ったので、発酵過多の状態である。

40 □□□

バターの製造工程の (A)(B) に入る語句の組み合わせとして、最も適切なものを選びなさい。

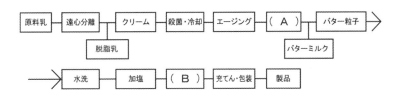

```
        A                B
①ワーキング    ―  チャーニング
②フリージング  ―  ワーキング
③チャーニング  ―  ワーキング
④チャーニング  ―  フリージング
```

41 □□□

市場におもに流通している片栗粉の原料として、最も適切なものを選びなさい。
　①ヤマイモ
　②サトイモ
　③サツマイモ
　④ジャガイモ

42 □□□

トマトピューレーの説明として、最も適切なものを選びなさい。
　①トマトを破砕し、裏ごししたものに食塩を0.5％加えたもの。
　②トマトを濃縮して、可溶性固形分を24％以上とし、食塩を加えたもの。
　③裏ごししたトマトに食塩や各種の香辛料を加えて濃縮したもの。
　④トマトを破砕し、裏ごししたものを無塩のままで2.5～3倍に濃縮し、可溶
　　性固形分を24％未満としたもの。

43 □□□

大豆麹を用いて製造するみそとして、最も適切なものを選びなさい。
　①西京みそ
　②信州みそ
　③八丁みそ
　④仙台みそ

44 □□□

食中毒の分類や原因に関する説明として、最も適切なものを選びなさい。
　①カンピロバクターは、細菌性の毒素型食中毒である。
　②ボツリヌス菌は、細菌性の感染型食中毒である。
　③ノロウイルスは、ウイルス性食中毒といわれ、感染型に属す。
　④きのこ毒は、化学性食中毒の一種である。

45 □□□

食酢の利用により保存性が良い食品として、最も適切なものを選びなさい。
　①ヨーグルト
　②甘酒
　③カマンベールチーズ
　④魚の南蛮漬け

46 □□□

　動物の皮などを粉砕・溶解して作られた人工的な可食性ケーシングとして、最も適切なものを選びなさい。
　　①天然ケーシング
　　②ファイブラスケーシング
　　③塩化ビニリデンケーシング
　　④コラーゲンケーシング

47 □□□

　ソーセージの製造工程中、原料のひき肉に調味料や香辛料を加えて、脂肪とともに練り合わせるときに使用する写真の機器名として、最も適切なものを選びなさい。
　　①エアスタッファー
　　②サイレントカッター
　　③ミートチョッパー
　　④ミートミキサー

48 □□□

　この器具を用いる検査として、最も適切なものを選びなさい。
　　①プラスチック製の容器内の真空度を測定
　　②ガラス製の容器内の真空度を測定
　　③紙製の容器内の真空度を測定
　　④缶詰の容器内の真空度を測定

49 □□□

ブリキ缶の特徴として、最も適切なものを選びなさい。
　①酸化クロム被膜を施したもの。
　②アルミニウムを使用したもの。
　③薄い鋼板にスズメッキを施したもの。
　④板紙にポリエチレンをはり合わせたもの。

50 □□□

　表示に「選別包装者」などを記載する包装食品として、最も適切なものを選びなさい。
　①鶏卵（生食用）
　②玄米および精米（生鮮食品）
　③牛乳
　④煎茶（国内産荒茶を用いて国内で仕上げ茶）

選択科目（環境系）

31 □□□

測量における測定の三要素の組み合わせとして、最も適切なものを選びなさい。
　①座標、精度、高低差
　②距離、角度、高低差
　③座標、角度、高低差
　④距離、座標、高低差

32 □□□

平板測量の方法とその説明の組み合わせとして、最も適切なものを選びなさい。
　①道線法　―　土地をいくつかの三角形に分割し、測定した三角形の三辺の距離からヘロンの公式で面積を図る方法。
　②放射法　―　平板を移動させながら、既知点から未知点までの距離と方向を測定していく方法。
　③交会法　―　距離を測定しないで方向線のみを測定し、その交点から、未知点を求める方法。
　④三辺法　―　平板を移動させずに、見通すことのできる点までの方向と距離を測定する方法。

33 □□□

写真の製図用具の名称として、最も適切なものを選びなさい。
　①雲形定規
　②自在曲線定規
　③円定規
　④T定規

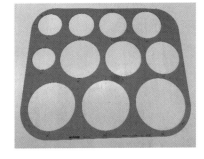

34 ☐☐☐

製図で用いる次の線の用途として、最も適切なものを選びなさい。

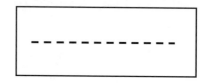

①対象物の見えない部分の形状を表すのに用いる。
②図形の中心を表すのに用いる。
③対象物の見える部分の形状を表すのに用いる。
④図面の輪郭線として用いる。

35 ☐☐☐

落葉樹の組み合わせとして、最も適切なものを選びなさい。
①アカマツ ― スギ
②カラマツ ― クヌギ
③アカマツ ― クロマツ
④ヒノキ ― スギ

36 ☐☐☐

次の説明に該当するものとして、最も適切なものを選びなさい。

「人里近くに多くあり、伐採（切られること）と再生（ほう芽）をくりかえし、人間のさまざまな働きかけにより作られてきたもの。里山ともいわれる。」

①極相林
②国有林
③私有林
④雑木林

37 □□□

　よい森林に育てるための次の林木の作業を総合して何というか、最も適切なものを選びなさい。

　「下刈り、除伐、間伐、枝打ち、つる切り」

　①林木の保安作業
　②林木の更新作業
　③林木の保育作業
　④林木の育種作業

38 □□□

　森林の公益的機能とその説明の組み合わせとして、最も適切なものを選びなさい。

　①地球温暖化防止機能　－　森林には河川に流れる水の量を調節し、洪水や渇水を防ぐ機能がある。
　②環境保全機能　　　　－　森林は気象緩和、大気浄化、防風、防潮などの役割を果たしている。
　③水源かん養機能　　　－　森林樹木の根は、土砂の流出や山崩れを防ぐ機能がある。
　④国土保全機能　　　　－　森林は大気中の二酸化炭素を吸収し、固定することができる。

39 □□□

　写真の2種類の樹種の組み合わせとして、正しいものを選びなさい。
　①ヒノキ、コナラ
　②ヒノキ、トドマツ
　③カラマツ、スギ
　④アカマツ、スギ

40 □□□

　写真の機械の名称とこの機械を使用した作業として、最も適切なものを選びな
さい。

①チェーンソー　－　間伐
②刈払機　　　　－　下刈り
③枝打ち機　　　－　枝打ち
④輪尺　　　　　－　測樹

選択科目
（環境系）（造園）

※環境系の選択者は、造園、農業土木、林業のうち1分野を、選択して下さい（複数分野を選択すると不正解となります）。

41 □□□

神社や寺院に多く設置されている石灯籠として、最も適切なものを選びなさい。
①平等院型灯籠
②雪見型灯籠
③織部型灯籠
④春日型灯籠

42 □□□

透視図を描くときの矢印の横線の名称として、最も適切なものを選びなさい。
①重心線
②基準線
③水平線
④平行線

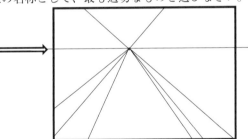

43 □□□

回遊式庭園の説明の（A）（B）にあてはまる語句の組み合わせとして、最も適切なものを選びなさい。

「大規模な（A）を中心として、庭を巡りながら鑑賞するために（B）を作り、茶室・築山・橋などを配した庭園。」

```
   A        B
①池   ―   園路
②山   ―   竹垣
③建物  ―   石組み
④滝   ―   生垣
```

44 □□□

都市公園法による公園の種類で（A）にあてはまる語句として、最も適切なものを選びなさい。

種別	内　　容
（A）公園	主として（A）に居住する者の利用に供することを目的とする公園で、誘致距離500mの範囲内で1か所当たり面積2 haを標準として配置する。

①地区
②街区
③市町村
④近隣

45 □□□

クロマツの説明として、最も適切なものを選びなさい。
①落葉樹である。
②日本を代表する庭木である。
③樹皮は赤褐色である。
④葉の長さは5 cm程度である。

46 □□□

移植をするにあたり、根回しを必要とする理由として、最も適切なものを選びなさい。
　　①細根を多く発生させるため。
　　②花芽を多く発生させるため。
　　③倒れるのを防ぐため。
　　④幹を太くするため。

47 □□□

四ツ目垣の胴縁の取り付けで、末口と元口を交互に取り付ける理由として、最も適切なものを選びなさい。
　　①四ツ目垣の立体感を増すため。
　　②施工の能率を上げるため。
　　③四ツ目垣の強度を上げるため。
　　④同じような間隔に見えるため。

48 □□□

樹木の繁殖方法とその説明として、最も適切なものを選びなさい。
　　①実生　　　—　バイオテクノロジーの技術を用いて繁殖させる方法。
　　②組織培養　—　台木に近い種類の植物の一部を接着させて繁殖させる方法。
　　③さし木　　—　母樹から枝や葉などの一部を切り離して繁殖させる方法。
　　④接ぎ木　　—　種子を発芽させて繁殖させる方法。

49 □□□

赤星病の発生しやすい樹木として、最も適切なものを選びなさい。
　　①ナシ
　　②スギ
　　③カキ
　　④サクラ

50 □□□

世界初の国立公園の組み合わせとして、最も適切なものを選びなさい。
　　①フランス　　—　ロイヤル国立公園
　　②アメリカ　　—　イエローストーン国立公園
　　③ドイツ　　　—　バンフ国立公園
　　④カナダ　　　—　グランドキャニオン国立公園

選択科目 （環境系）（農業土木）

※環境系の選択者は、造園、農業土木、林業のうち１分野を、選択して下さい（複数分野を選択すると不正解となります）。

41 □□□

次の方向法観測野帳において、（１）〜（３）にあてはまる値の組み合わせとして、最も適切なものを選びなさい。

測点	目盛位置	望遠鏡	視準点	観測角点	測定角	倍角	較差	倍較差	観測差
O	0°	正	A	0° 00′ 00″	0° 00′ 00″	80″	-20″	（２）	（３）
			B	132° 34′ 30″	132° 34′ 30″				
		反	B	312° 34′ 50″	132° 34′ 50″				
			A	180° 00′ 00″	0° 00′ 00″				
O	90°	反	A	270° 00′ 00″	0° 00′ 00″	90″	（１）		
			B	42° 34′ 40″	132° 34″ 40″				
		正	B	222° 35′ 10″	132° 35′ 00″				
			A	90° 00′ 10″	0° 00′ 00″				

```
      （１）       （２）       （３）
① 　40″   ―   170″   ―   40″
②  20″   ―    10″   ―   40″
③-40″   ―   170″   ―    0″
④-20″   ―    10″   ―    0″
```

42 ☐☐☐

GNSS 測量における「ネットワーク型 RTK 法」の説明について、最も適切なものを選びなさい。
　　①複数の観測点に受信機を設置し、静止した状態で衛星からの電波を用いて、1時間以上の観測を行う。
　　②2台の受信機のうち1台を既知点に設置して基地局とし、他の受信機を移動局として、衛星からの電波を受信しながら未知点の観測を行う。
　　③基地局に設置した受信機で取得した信号を、無線装置等を用いて移動局に転送し、移動局においてリアルタイムで観測結果を算出する。
　　④衛星からの信号と、位置情報サービス業者で算出された補正データを、通信装置により移動局で受信し、移動局のみで観測を行う。

43 ☐☐☐

土層改良工法で、他の場所からほ場へ土壌を運搬して、農地土層の理化学的性質を改良する工法として、最も適切なものを選びなさい。
　　①心土破砕
　　②客土
　　③床締め
　　④除礫

44 ☐☐☐

図のショベル系掘削機の名称として、最も適切なものを選びなさい。
　　①ブルドーザ
　　②スクレーパ
　　③モータグレーダ
　　④バックホー

45 ☐☐☐

ダムの名称とその特徴の説明として、最も適切なものを選びなさい。

(ダムの名称)　　　　　　　　(特徴)

①アーチ式コンクリートダム……コンクリートの堤体内部を空洞にし、隔壁を設けた構造で、揚圧力を減じ活動に対する安全性を高めたダム。

②均一型フィルダム　　　……堤体内にアスファルトやコンクリートなど土質材料以外の遮水壁を持つ形式のダム。

③重力式コンクリートダム　……コンクリートの堤体の重量により水圧などに抵抗する構造のダム。基礎に良質な岩盤が必要。

④コア型フィルダム　　　……堤体の大部分が均一な土石材料により構成され、全断面によって遮水する形式のダム。

46 ☐☐☐

ミティゲーションの5原則における「最小化」の事例として、最も適切なものを選びなさい。

①魚がそ上できる落差工を設置する。

②湧水池や平地林などを保全する。

③動植物を一時移植・移動して工事を実施する。

④自然石を用いた溜め池護岸を実施する。

47 ☐☐☐

図のように、構造部材に引張力が作用し、部材が伸びて変形したときの、単位長さ当たりの変形量を何というか、最も適切なものを選びなさい。

①ひずみ

②応力

③弾性

④モーメント

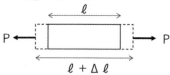

48 ☐☐☐

　図のように、はりに集中荷重が作用しているとき、A 点に作用する鉛直方向反力として、正しいものを選びなさい。

① 5 N
② 6 N
③ 7 N
④ 8 N

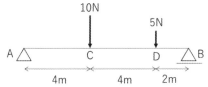

49 ☐☐☐

　図のような断面の水路に、流速0.8m/s で水が流れているときの流量として、正しいものを選びなさい。

① 0.96m³/s
② 1.60m³/s
③ 1.50m³/s
④ 2.40m³/s

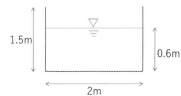

50 ☐☐☐

　図の土中の水の分布状態（色の付いた部分）について、ア〜ウの名称の組み合わせとして、最も適切なものを選びなさい。

	ア		イ		ウ
①	毛管水	ー	表着水	ー	重力水
②	重力水	ー	毛管水	ー	表着水
③	表着水	ー	毛管水	ー	重力水
④	表着水	ー	重力水	ー	毛管水

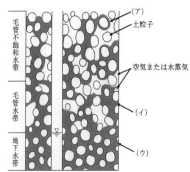

選択科目
（環境系）（林業）

※環境系の選択者は、造園、農業土木、林業のうち１分野を、選択して下さい（複数分野を選択すると不正解となります）。

41 □□□

　現在の日本の森林面積について、約50年前と比較した説明として、最も適切なものを選びなさい。
　　①植栽により約1.5倍と大幅に増加している。
　　②ほとんど変わらない。
　　③森林を田畑に開墾したことで約10％減少している。
　　④大規模な開発行為により約20％減少している。

42 □□□

植生の水平分布の説明として、最も適切なものを選びなさい。
　　①亜寒帯林は、シイ類やカシ類などの落葉広葉樹を主としている。
　　②亜熱帯林は、モミ類やトウヒ類の常緑針葉樹を主としている。
　　③暖温帯林（照葉樹林）は、スダジイ、イスノキなどの落葉針葉樹を主としている。
　　④冷温帯林（夏緑樹林）は、ブナ、ナラ、カエデ類などの落葉広葉樹を主としている。

43 □□□

日本で広く分布する代表的な森林土壌として、最も適切なものを選びなさい。
　　①ポドゾル
　　②褐色森林土
　　③赤色土
　　④黄色土

44 □□□

公益的な役割をもつ森林である保安林の説明として、最も適切なものを選びなさい。
①保安林の面積で一番多いのは水源かん養保安林である。
②保安林の面積は年々減少している。
③保安林の種類は5種類である。
④保安林制度は林業基本法において定められている。

45 □□□

日本の森林面積の約6割を占めるものとして、最も適切なものを選びなさい。
①都道府県有林
②市町村有林
③私有林
④国有林

46 □□□

次の作業の名称として、最も適切なものを選びなさい。

「混みすぎた森林を、適正な密度で健全かつ高い価値のある森林に導くための間引き作業。」

①枝打ち
②皆伐
③除伐
④間伐

47 □□□

次の伐採方法の名称として、最も適切なものを選びなさい。

「収穫に適した林木だけを、部分的に伐採する方法で、環境保全機能が高い伐採方法。」

①択伐法
②皆伐法
③漸伐法
④母樹保残法

48 □□□

森林の測定方法のうち、標準地法の説明として、最も適切なものを選びなさい。
①標準地は、測定者が測りやすい道路沿いを基本とする。
②林分全域の中に一定面積の区域を選んで標準地とする。
③標準地法は、森林内のすべての木を測定する方法である。
④標準地の選び方は、樹木の成長が良いところを選ぶ方がよい。

49 □□□

写真の機械の燃料として、最も適切なものを選びなさい。
①ガソリン
②灯油
③ガソリンと灯油の混合
④ガソリンとエンジンオイルの混合

50 □□□

図の高性能林業機械の名称とこの機械を使用した作業として、最も適切なものを選びなさい。
①ハーベスタ　　－　　集材
②フォワーダ　　－　　運材
③タワーヤーダ　－　　集材
④プロセッサ　　－　　運材

２０２２年度第２回（１２月１０日実施）

日本農業技術検定　３級　試験問題

```
◎受験にあたっては、試験官の指示に従って下さい。
  指示があるまで、問題用紙をめくらないで下さい。
◎受験者氏名、受験番号、選択科目の記入を忘れないで下さい。
◎問題は全部で５０問あります。１～３０が農業基礎、３１～５０が選択科目で
  す。
◎選択科目は４科目のなかから１科目だけ選び、解答用紙に選択した科目をマーク
  して下さい。選択科目のマークが未記入の場合には、得点となりません。
  環境系の４１～５０は造園、農業土木、林業から更に１つ選んで下さい。
  選択科目のマークが未記入の場合には、得点となりません。
◎すべての問題において正答は１つです。１つだけマークして下さい。
  ２つ以上マークした場合には、得点となりません。
◎総解答数は、どの選択科目とも５０問です。それ以上解答しないで下さい。
◎試験時間は４０分です（名前や受験番号の記入時間を除く）。
```

【選択科目】

栽培系	p.64～70
畜産系	p.71～76
食品系	p.77～82
環境系	p.83～97

解答一覧は、「解答・解説編」（別冊）の３ページにあります。

日付			
点数			

農業基礎

1 □□□

緑色植物が光合成を行うために必要な条件の組み合わせとして、最も適切なものを選びなさい。
1. 光、水、酸素
2. 光、水、二酸化炭素
3. 光、温度、二酸化炭素
4. 光、温度、酸素

2 □□□

作物の必須元素のうち、微量元素に該当するものとして、最も適切なものを選びなさい。
1. カリウム
2. マグネシウム
3. イオウ
4. マンガン

3 □□□

栄養器官を繁殖に利用して栽培する作物として、最も適切なものを選びなさい。
1. イネ
2. ダイズ
3. ジャガイモ
4. ダイコン

4 □□□

次のうち、種子の発芽能力を長く保つために適した保管方法として、最も適切なものを選びなさい。

①気温5℃程度の低温で、乾燥条件を保って保管する。
②気温を20℃程度に保って暗所に保管する。
③気温を20℃程度に保って明所に保管する。
④湿度を70%に保って気温20℃で保管する。

5 □□□

夏季に気温が異常に低かったり、日照が極端に少ない場合に生じる気象災害の名称として、最も適切なものを選びなさい。

①寒害
②干害
③冷害
④凍害

6 □□□

土の団粒構造に関する説明として、最も適切なものを選びなさい。

①団粒構造の土は、土の粒子間のすき間が多いので保水性は良くない。
②土壌有機物（腐植）の多い土は、団粒構造が発達する。
③団粒構造の土は、単粒構造に戻ることはない。
④団粒構造の土よりも、単粒構造の土の方が作物の根が伸長しやすい。

7 □□□

すき（プラウ）やくわなどで土を掘り起こし、反転、あるいは天地返しをする作業名として、最も適切なものを選びなさい。

①鎮圧
②整地
③耕起
④畝立て

8 □□□

化学肥料に分類されるものとして、最も適切なものを選びなさい。

①堆肥
②骨粉
③魚かす（魚粉）
④硫安

9 ☐☐☐

肥料の効き方の説明として、最も適切なものを選びなさい。
①緩効性肥料は、肥料の効き方がゆっくりで長続きする。
②速効性肥料は、施すとすぐに効果があり長続きする。
③緩効性肥料は、効果がすぐに現れるが長続きしない。
④遅効性肥料は、効果がすぐに現れるが長続きしない。

10 ☐☐☐

リン酸を成分量で20kg施用する場合、よう成リン肥（0-20-0）では何kgを施したらよいか、正しいものを選びなさい。
①50kg
②100kg
③150kg
④200kg

11 ☐☐☐

マメ科の根に共生して、空気中の窒素を固定する細菌として、最も適切なものを選びなさい。
①亜硝酸菌
②硝酸菌
③糸状菌
④根粒菌

12 ☐☐☐

写真の野菜の科名として、正しいものを選びなさい。
①バラ科
②アブラナ科
③ウリ科
④キク科

13 □□□

　写真のように土壌の表面を黒のマルチフィルムでおおうマルチングの目的として、最も適切なものを選びなさい。
　　①土壌を消毒するため。
　　②防風対策のため。
　　③土壌の乾燥防止と雑草防除のため。
　　④土壌を乾燥させるため。

14 □□□

　写真の雑草の名称として、正しいものを選びなさい。
　　①カタバミ
　　②シロツメクサ（シロクローバ）
　　③ギシギシ
　　④スギナ

15 □□□

　農地の作付体系のうち、二毛作の説明として、最も適切なものを選びなさい。
　　①同じ農地で2種類の作物を同時に栽培することである。
　　②同じ農地に同じ作物を2回連続して栽培することである。
　　③同じ農地で1年のうち時期をずらして2種類の作物を栽培することである。
　　④2つの農地で2種類の作物を毎年交互に栽培することである。

16 □□□

吸汁性の害虫として、最も適切なものを選びなさい。
　①ウリハムシ
　②アザミウマ（スリップス）類
　③ヨトウムシ
　④コガネムシ類

17 □□□

防虫ネットを活用した防除方法があてはまるものとして、最も適切なものを選びなさい。
　①生物的防除
　②物理的防除
　③化学的防除
　④耕種的防除

18 □□□

次の説明文の中で、作物が病気にかかる3つの要因のうち「誘因」に該当するものとして、最も適切なものを選びなさい。

「病気抵抗性のない品種のイネの種子を使って、種子消毒を行わないで窒素・カリ不足の水田で栽培したために、ごま葉枯れ病菌が発生した。」

　①病気抵抗性のない品種
　②イネ
　③窒素・カリ不足
　④ごま葉枯れ病菌

19 □□□

写真のカボチャの葉にあらわれた症状の病名として、最も適切なものを選びなさい。
　①軟腐病
　②白さび病
　③灰色かび病
　④うどんこ病

20 □□□

ニワトリのふ化について、最も適切なものを選びなさい。
　①ニワトリのふ化は春の年1回である。
　②種卵をふ化させる温度は37.8〜38℃で、約3週間あたためる。
　③卵を動かして胚の位置を変えることを検卵という。
　④ふ卵器では、有精卵も無精卵もふ化させることができる。

21 □□□

動物の種類と食性の組み合わせとして、最も適切なものを選びなさい。
　①ヒツジ　　—　　草食
　②ウシ　　　—　　雑食
　③ブタ　　　—　　草食
　④ニワトリ　—　　肉食

22 □□□

家畜の特徴として、最も適切なものを選びなさい。
　①ブタは汗腺が発達しているため、暑さに強い。
　②ウシは胃が1つのため単胃動物といわれる。
　③乳牛の搾乳は原則1日1回である。
　④ニワトリは素のう、腺胃、筋胃という消化器官をもつ。

23 ☐☐☐

ダイコンの根に含まれている酵素として、最も適切なものを選びなさい。
　①プロテアーゼ
　②リパーゼ
　③アミラーゼ
　④オキシダーゼ

24 ☐☐☐

食品の殺菌は加熱処理によって行われることが多い。食中毒の病原菌として、耐熱性の最も強いものを選びなさい。
　①腸炎ビブリオ
　②病原大腸菌
　③ボツリヌス菌胞子
　④サルモネラ

25 ☐☐☐

貯蔵庫内の空気の組成を人工的に変えて青果物等を保存する方法として、最も適切なものを選びなさい。
　①チルド
　②パーシャルフリージング
　③フリーズドライ
　④ＣＡ貯蔵

26 ☐☐☐

予想できない要因によって食料の供給が影響を受けるような場合のために、食料供給を確保するための対策や、その機動的な発動のあり方を検討し、いざという時のために日ごろから準備をしておくこととして、最も適切なものを選びなさい。
　①食料安全保障
　②医食同源
　③生物多様性
　④食育

27 □□□

農業を行うときに、関係する法律に則した点検項目について、実施・記録・点検・評価し、持続的な改善活動を行うことを何というか、最も適切なものを選びなさい。
　　①トレーサビリティ
　　② HACCP
　　③ポジティブリスト
　　④農業生産工程管理（GAP）

28 □□□

里山に関する説明として、最も適切なものを選びなさい。
　　①耕作放棄地に雑木が生えた農地
　　②人の管理がまったくされていない原生林の地域
　　③暮らしと密接なかかわりをもつ集落周辺の山や森林
　　④スギやヒノキなどの木材生産が目的の森林

29 □□□

都市住民が、保健休養などを目的として、農業体験や農家などへの滞在を通じて農村の自然・文化・人々との交流を楽しむ余暇活動として、最も適切なものを選びなさい。
　　①グリーン・ツーリズム
　　②ガーデニング
　　③グリーンアメニティ
　　④定年帰農

30 □□□

ある地域で種苗の保存が世代をこえて長年続けられ、特定の用途に供されてきた作物として、最も適切なものを選びなさい。
　　①在来作物
　　②園芸作物
　　③工芸作物
　　④商品作物

選択科目（栽培系）

31 □□□

雌雄異花の作物として、最も適切なものを選びなさい。
　①ダイズ
　②キュウリ
　③イネ
　④ジャガイモ

32 □□□

風で花粉が飛散して受粉・受精が行われる作物として、最も適切なものを選びなさい。
　①トウモロコシ
　②スイカ
　③イチゴ
　④ダイズ

33 □□□

冷涼な気候に適し、短期間で栽培ができ、比較的安定した収量がえられる 救 荒 ^{きゅうこう} 作物として、最も適切なものを選びなさい。
　①イネ
　②トマト
　③ダイズ
　④ジャガイモ

34 □□□

イネの水管理について、最も適切なものを選びなさい。
　①植え付け直後で気温の低い日は浅水にする。
　②活着後は分げつを増やすため深水にする。
　③最高分げつ期には1週間程度田面を乾かす。
　④出穂後はすぐに落水する。

35 □□□

イネの種子の養分貯蔵組織として、最も適切なものを選びなさい。
　①胚
　②子葉
　③根
　④胚乳

36 □□□

ダイズの初生葉として、正しいものを選びなさい。

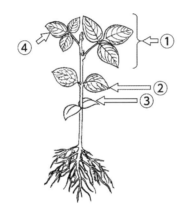

37 □□□

未成熟果を利用する野菜として、最も適切なものを選びなさい。
　①キュウリ
　②スイカ
　③トマト
　④イチゴ

38 □□□

トマトは第1花房をつけた後、本葉何枚ごとに花房をつけるか、最も適切なものを選びなさい。
　①2葉
　②3葉
　③4葉
　④5葉

39 □□□

写真の害虫の被害を最も受けやすい野菜として、適切なものを選びなさい。
①カボチャ
②ハクサイ
③ニンジン
④トウモロコシ

40 □□□

硬い種皮をもつ硬実種子として、最も適切なものを選びなさい。
①アサガオ
②マリーゴールド
③シクラメン
④ニチニチソウ

次の写真の草花から、ペチュニアを選びなさい。

① ②

③ ④

42 ☐☐☐

次の草花のうちアブラナ科の植物はどれか、最も適切なものを選びなさい。

①　　　　　　　　②

③　　　　　　　　④

43 ☐☐☐

写真のランの名称として、最も適切なものを選びなさい。
　①カトレア
　②ファレノプシス（コチョウラン）
　③オンシジウム
　④シンビジウム

44 ☐☐☐

キクのさし芽の説明として、最も適切なものを選びなさい。
　①さし穂の葉は、すべて取り除いてからさす。
　②さし穂の切り口は、乾かしてからさす。
　③さし穂に使うものは、十分に水に浸して吸水をさせておく。
　④さし芽後は直射日光にあてて発根を促す。

45 ☐☐☐

次の特性をもつ園芸用土として、最も適切なものを選びなさい。

「ミズゴケなどが湿地などで低温・酸欠状態で堆積・変質したもので、pH が低い。」

　①バーミキュライト
　②バーク
　③腐葉土
　④ピートモス

46 ☐☐☐

写真の果樹のうち、常緑性果樹に分類されるものを選びなさい。

①　　　　　　　　　　　②

③　　　　　　　　　　　④

47 □□□

写真は開花前のモモである。この時期の栽培管理として、最も適切なものを選びなさい。
①摘葉
②摘らい
③摘花
④摘果

48 □□□

安定した結実を得るために受粉樹や人工受粉が必要な果樹として、最も適切なものを選びなさい。
①ナシ
②イチジク
③ウンシュウミカン
④ブドウ

49 □□□

ランナー（ほふく茎）による子株で苗を増殖するものとして、最も適切なものを選びなさい。
①カボチャ
②イチゴ
③ジャガイモ
④ラッカセイ

50 □□□

写真の農業用機械の名称として、最も適切なものを選びなさい。
①ディスクハロー
②バインダ
③すき（プラウ）
④ロータリ

選択科目（畜産系）

31 □□□

1年を通じて繁殖が可能な周年繁殖動物として、最も適切なものを選びなさい。
　①ヒツジ
　②ヤギ
　③ウマ
　④ウシ

32 □□□

ニワトリ品種のうち、卵肉兼用種の組み合わせとして、最も適切なものを選びなさい。
　①横はんプリマスロック種、名古屋種
　②横はんプリマスロック種、白色コーニッシュ種
　③ロードアイランドレッド種、白色レグホーン種
　④ロードアイランドレッド種、白色コーニッシュ種

33 □□□

ニワトリの卵の卵黄の表面にカラザを形成させる卵管の部位として、最も適切なものを選びなさい。
　①峡部
　②膨大部
　③漏斗部
　④子宮部

34 □□□

初生びなの説明として、最も適切なものを選びなさい。
　①初生びなの体重は約80g前後である。
　②初生びなは、卵黄のうに未吸収の卵黄をたくわえている。
　③生後すぐに体温を保つことができるので給温の必要ない。
　④餌づけは成鶏期と同じ配合飼料を細かくして与える。

35 □□□

ニワトリの照明管理に関する記述として、最も適切なものを選びなさい。
①ウィンドウレス鶏舎では、常時点灯する。
②ニワトリの産卵は日長ではなく温度に影響される。
③育成鶏では日長時間が長いと性成熟が早くなる。
④産卵鶏では日長時間が長くなると産卵機能が低下する。

36 □□□

鶏卵・鶏肉に関する説明として、最も適切なものを選びなさい。
①鶏卵は、卵黄と卵白、卵殻膜、卵殻からできており、卵白には脂質が多く、卵黄にはタンパク質が多い。
②鶏肉の大部分は胸肉・ささみ・もも肉で、どの部位も皮を除くと牛肉や豚肉より脂質が少ない。
③もも肉には白色筋線維が多く、胸肉とささみには比較的に赤色筋線維が多いので赤色が濃い。
④卵を割ったときに、濃厚卵白が多くて卵白の広がりが大きく、卵黄は濃厚卵白に囲まれて盛り上がっているものがよい。

37 □□□

ブタの品種のうち中型種として、最も適切なものを選びなさい。
①大ヨークシャー種
②ランドレース種
③デュロック種
④バークシャー種

38 □□□

雌ブタの子宮体として、最も適切なものを選びなさい。
①ア
②イ
③ウ
④エ

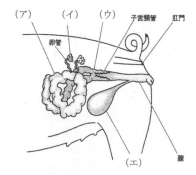

39 □□□

ほ乳子豚の管理についての記述として、最も適切なものを選びなさい。
　①ほ乳子豚の成長が早く、母乳に鉄含有量が少ないことから鉄剤を給与する。
　②子豚は移行抗体を体内に十分持っているため、初乳は必ずしも飲ませなくてよい。
　③子豚は出生時に体内に多くの脂肪をため込んでおり、寒さには強いが、保温をした方が望ましい。
　④ほ乳中の子豚は、母豚からの乳を飲んでいるため、軟便や下痢をすることはない。

40 □□□

肥育豚が生まれてから出荷するまでの期間として、最も適切なものを選びなさい。
　①3か月間
　②6か月間
　③9か月間
　④12か月間

41 □□□

ブタの伝染病であるトキソプラズマ病の病原菌として、最も適切なものを選びなさい。
　①外部寄生虫
　②細菌
　③原虫
　④ウイルス

42 □□□

乳用種であるウシの品種として、最も適切なものを選びなさい。
　①ブラウンスイス種
　②ヘレフォード種
　③アバディーンアンガス種
　④黒毛和種

43 □□□

次の文章の（　　）内に入る数字として、最も適切なものを選びなさい。

「牛が1Lの牛乳をつくるには、おおよそ（　　）Lの血液が乳房を循環する必要がある。」

①1
②10
③50
④500

44 □□□

ウシの乳排出をさまたげるホルモンとして、最も適切なものを選びなさい。
①オキシトシン
②エストロゲン
③アドレナリン
④プロゲステロン

45 □□□

ウシの繁殖技術の説明として、最も適切なものを選びなさい。
①日本の酪農経営では、自然交配がほとんどである。
②人工授精では、おもに液体窒素で凍結させて保存した精液を用いる。
③人工授精は発情兆候がなくても行うことができ、受胎率も高い。
④受精卵移植では、乳牛から和牛子牛の生産はできない。

46 □□□

子牛の育成についての説明として、最も適切なものを選びなさい。
①成育に必要な免疫抗体が初乳に含まれており、初生子牛には与えるようにする。
②初生子牛はすでに反すう胃が発達しているので、固形飼料を多く与える。
③哺乳子牛の育成では、乳用牛も肉牛も母牛からの自然哺乳で育成する。
④反すう胃を発達させるには液状飼料を多く与えるとよい。

47 □□□

写真のウシの説明として、最も適切なものを選びなさい。

①熊本系と高知系がある肉用種で、日本在来の赤牛を基本に作出された品種である。
②もとはフランス原産の役乳肉兼用種で、赤肉生産向きの品種である。
③イギリス原産の乳用種で、小柄な体格で乳脂肪も5％以上という特徴がある。
④スイス原産の乳用種で、乳中の固形分含量が高いという特徴がある。

48 □□□

ウシのコクシジウム症の説明として、最も適切なものを選びなさい。
①ウイルスが原因の病気である。
②おもに成牛がかかる病気である。
③症状としては下痢・血便がみられる。
④法定伝染病である。

49 □□□

飼料のエネルギーについての記述として、最も適切なものを選びなさい。
①代謝エネルギー（ME）＝総摂取エネルギー（GE）－糞中のエネルギー
②正味エネルギー（NE）＝代謝エネルギー（ME）－熱増加分
③可消化エネルギー（DE）＝代謝エネルギー（ME）－正味エネルギー（NE）
④正味エネルギー（NE）＝総摂取エネルギー（GE）－代謝エネルギー（ME）

写真の作業に関する記述として、最も適切なものを選びなさい。
①モーアコンディショナによる刈り取り
②テッダによる乾燥
③レーキによる集草
④ロールベーラによる梱包

選択科目（食品系）

31 □□□

次の説明に該当する穀類として、最も適切なものを選びなさい。

「栽培は、約1万年前の中近東から西アジア地域を起源とし、世界各地へ粉にして食べる文化が広まった。この粉は粘弾性を利用してさまざまな食品に加工されている。」

①米
②小麦
③トウモロコシ
④ソバ

32 □□□

もち米の特徴として、最も適切なものを選びなさい。
①米粒は細長い。
②炊飯後も、かたく、ぱさぱさする。
③アミロース含量が18％前後である。
④デンプンはアミロペクチンからなる。

33 □□□

鶏卵の部位別成分で、水分を約50％、タンパク質を約15％、脂質を約30％含む部位として、最も適切なものを選びなさい。
①卵黄
②気室
③卵殻
④卵白

34 □□□

仁果類の果実として、最も適切なものを選びなさい。
①レモン
②ブドウ
③モモ
④リンゴ

35 □□□

おもに植物に含まれる黄色や赤色などの色素で、抗酸化作用を持つ成分として、最も適切なものを選びなさい。
①クロロフィル
②アントシアン
③カロテノイド
④フラボノイド

36 □□□

鶏卵の起泡性を利用してつくる食品として、最も適切なものを選びなさい。
①スポンジケーキ
②マヨネーズ
③ピータン
④温泉卵

37 □□□

写真 A～F は「こんにゃく」の製造工程である。製造工程 B の凝固剤として、最も適切なものを選びなさい。
①塩化マグネシウム
②塩化カルシウム
③水酸化カルシウム
④水酸化ナトリウム

原料いも＋湯

凝固剤の添加

かくはん

固化

成形

煮沸

- 78 -

38 □□□

冷凍野菜の製造で、細胞壁の軟化と酵素の失活を目的に行う加熱処理として、最も適切なものを選びなさい。
① ディッピング
② ブランチング
③ ドリップ
④ ファーメンテーション

39 □□□

バター製造時、クリームを殺菌・冷却後4〜5℃で10時間程度、保持する。この工程の名称として、最も適切なものを選びなさい。
① 遠心分離
② エージング
③ チャーニング
④ ワーキング

40 □□□

ドレッシング類の定義で、マヨネーズの原材料および添加物に占める食用植物油脂の重量の割合として、最も適切なものを選びなさい。
① 10％未満
② 10％以上、50％未満
③ 50％以上、65％未満
④ 65％以上

41 □□□

ソーセージ類のうち、豚腸または製品の太さが20mm 以上、36mm 未満の人工ケーシングに詰めたものとして、最も適切なものを選びなさい。
① ウィンナーソーセージ
② フランクフルトソーセージ
③ ボロニアソーセージ
④ プレスハム

42 □□□

製造時にかびが関与する食品として、最も適切なものを選びなさい。
① ヨーグルト
② 納豆
③ こうじ
④ パン

43 □□□

野菜や果実は、収穫後も酸素と二酸化炭素の交換や蒸散を行っているが、次の成分のうち、貯蔵中に除去すると鮮度保持の効果がある植物ホルモンとして、最も適切なものを選びなさい。
① エチレン
② グリシン
③ セリン
④ メチオニン

44 □□□

食品衛生法の第1条・目的の説明において、（A）（B）にあてはまる語句の組み合わせとして、最も適切なものを選びなさい。

「食品の（A）性の確保のために公衆衛生の見地から必要な規制その他の措置を講ずることにより、（B）に起因する衛生上の危害の発生を防止し、もって国民の健康の保護を図ることを目的とする。」

        A   B
① 栄養 － 製造
② 嗜好 － 調理
③ 利便 － 健康
④ 安全 － 飲食

45 □□□

牛乳の殺菌方法のうち、生乳を120～130℃で2～3秒間加熱殺菌する方法として、最も適切なものを選びなさい。
① LTLT 法
② HTLT 法
③ HTST 法
④ UHT 法

46 □□□

　牛乳の製造工程において、乳中に含まれる脂肪球を細かく砕くと同時に、均等な分布状態にする装置として、最も適切なものを選びなさい。
　　①クラリファイヤー
　　②チューブラーヒーター
　　③ホモジナイザー
　　④プレートクーラー

47 □□□

　食品工場の異物混入対策として、最も適切なものを選びなさい。
　　①人がかかわる工程を多くし、作業速度を上げる。
　　②定期的に洗髪し、清潔な帽子・作業衣を着用する。
　　③頭髪や汗が落ちないようバンダナをする。
　　④作業服のポケットにはメモ紙や筆記用具を入れておく。

48 □□□

　食品表示法による基準により、小麦・ソバ・卵・乳・ラッカセイに加えて、食物アレルギーを引き起こす特定原材料7品目に指定され、加工食品への表示が義務づけられている品目として、最も適切なものを選びなさい。
　　①アワビ、イカ
　　②イクラ、オレンジ
　　③エビ、カニ
　　④サケ、サバ

49 □□□

　重量が重く、耐熱性に劣り、破損しやすい欠点があるが、製造コストが比較的安価で、酸に強く、再利用可能な食品用容器の材料として、最も適切なものを選びなさい。
　　①ガラス
　　②金属
　　③紙
　　④プラスチック

□□□

　容器包装リサイクル法の中で分別収集を行う役割を持つものとして、最も適切なものを選びなさい。
　　①消費者
　　②特定事業者
　　③市町村
　　④再商品化事業者

選択科目（環境系）

31 □□□

平板の据え付けについて、次の文章の A〜D にあてはまる語句の組み合わせとして、最も適切なものを選びなさい。

「平板を水平にすることを（A）という。平板上に示された測点が地上の測点の鉛直線上にあるようにすることを（B）という。平板上の側線方向と地上の側線方向を一致させることを（C）という。平板を測点上に正しく据えるためには、この3つの条件を満足させる必要があり、この作業を平板の（D）という。」

	A		B		C		D
①	標定	—	定位	—	致心	—	整準
②	標定	—	致心	—	定位	—	整準
③	整準	—	致心	—	定位	—	標定
④	整準	—	定位	—	致心	—	標定

32 □□□

水準測量の誤差の「個人誤差」として、最も適切なものを選びなさい。
　①視準線と気ほう管軸が平行でない。
　②標尺の目盛が正しくない。
　③三脚やもりかえ点の沈下。
　④標尺が鉛直でない。

33 □□□

写真の製図用具の用途として、最も適切なものを選びなさい。

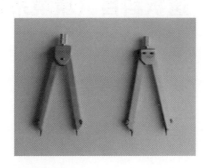

①円を描くために使用する用具
②スケールからの寸法の移動や円弧の等分割に用いる用具
③直線、垂線、平行線などを引くために用いる用具
④修正の際に、消す必要の無い部分を一緒に消してしまうことを防ぐために用いる用具

34 □□□

極相林と関係するものとして、最も適切なものを選びなさい。
①人工林
②雑木林
③ビオトープ
④ギャップ

35 □□□

森林の役割のうち「水源かん養機能」の説明として、最も適切なものを選びなさい。
①森林内の降水は土壌の表面を流れることで、いっきに河川の水量を増やすことができる。
②森林内にコンクリートで人工的に建設されたダムは「緑のダム」といわれている。
③森林に保水された雨水を安定的に河川に流し、水量を一定に保って洪水や渇水を防止する。
④ちりなどで汚れた雨水は、森林土壌を通過すると微生物などが付着し、さらに汚くなってしまう。

36 ☐☐☐

日本の国土に占める森林の割合として、最も適切なものを選びなさい。
　①約7割
　②約5割
　③約4割
　④約2割

37 ☐☐☐

　写真の機械の名称と、この機械を使用した作業として、最も適切なものを選びなさい。

　　名称　　　　　　　作業
　①枝打機　　　　－　枝打ち
　②枝打機　　　　－　伐採、玉切り
　③チェーンソー　－　枝打ち
　④チェーンソー　－　伐採、玉切り

38 ☐☐☐

次の森林の保育作業の名称として、最も適切なものを選びなさい。

「混みすぎた林の立木を抜き切ることで、一本一本の木に十分に光があたり、成長をうながすこと。」

　①下刈り
　②除伐
　③間伐
　④枝打ち

39 □□□

次のうち樹高として、最も適切なものを選びなさい。
　① A
　② B
　③ C
　④ D

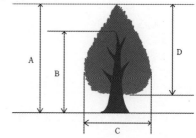

40 □□□

製図で寸法補助線に用いる線の種類として、最も適切なものを選びなさい。
　①太い実線
　②細い実線
　③太い一点鎖線
　④細い一点鎖線

選択科目
（環境系）（造園）

※環境系の選択者は、造園、農業土木、林業のうち1分野を、選択して下さい（複数分野を選択すると不正解となります）。

41 ☐☐☐

写真の庭園様式として、最も適切なものを選びなさい。
  ①建築式庭園
  ②回遊式庭園
  ③枯山水式庭園
  ④西洋式庭園

42 ☐☐☐

立面図の説明の（　）にあてはまる語句として、最も適切なものを選びなさい。

「各種の施設や構造物の（　　　）の形状等を描いた図面」

  ①地下部
  ②配置
  ③断面
  ④地上部

街区公園の説明の (A)(B) にあてはまる語句として、最も適切なものを選びなさい。この場合、1分間に歩く距離は平均80mとする。

「街区公園は居住より徒歩で (A) の距離にあり、一人当たりの面積は (B) が標準である。」

	A	B
①	3〜4分	1.0㎡
②	5〜10分	2.0㎡
③	10〜15分	3.0㎡
④	15〜20分	4.0㎡

せん定を「みどり摘み」の方法で行う樹木として、最も適切なものを選びなさい。
① イチョウ
② シラカシ
③ ハナミズキ
④ クロマツ

樹木の支柱に丸太を用いる場合の注意点として、最も適切なものを選びなさい。
① 丸太と丸太の接点はしゅろ縄で結束する。
② 丸太は元口を上にして施工する。
③ 根元を固定するために、止めぐい（やらず）を施工する。
④ 支柱を施工する場合には、くぎや針金は使用しない。

46 □□□

写真の灯籠の名称として、最も適切なものを選びなさい。
①山灯籠
②雪見灯籠
③織部灯籠
④春日灯籠

47 □□□

四ツ目垣の立子の取り付けに使用するロープワークの名称として、最も適切なものを選なさい。
①いぼ結び
②なんきん結び
③とっくり結び
④ほん結び

48 □□□

樹木の根回しとして、最も適切なものを選びなさい。
①酷寒や酷暑に実施するとよい。
②根回しの鉢は樹木の根元直径の約10倍がよい。
③細根が発生するには4〜5年かかる。
④太い根は、三方または四方に残す。

49 □□□

世界最初の国立公園について、最も適切なものを選びなさい。
①イギリスで制定された。
②狭い地域を範囲にしたものであった。
③アメリカで制定された。
④少人数で楽しむことが目的であった。

大型の和風建築と調和し、公園や庭園に用いられる写真の植物の名称として、最も適切なものを選びなさい。

①モウソウダケ
②マダケ
③メダケ
④ヤダケ

第2回 2022年度

選択科目
（環境系）（農業土木）

※環境系の選択者は、造園、農業土木、林業のうち1分野を、選択して下さい（複数分野を選択すると不正解となります）。

41 □□□

GNSS測量における次の観測方法として、最も適切なものを選びなさい。

「複数の観測点に受信機とアンテナを設置し、4個以上の衛星から電波を1時間以上観測する。この方法は、長時間の観測を行うため、高い精度を得ることができるが、あらかじめセッション計画を作成しておく必要がある。」

①スタティック法
②キネマティック法
③リアルタイムキネマティック法
④ネットワーク型RTK法

42 □□□

次のうちブルドーザはどれか、最も適切なものを選びなさい。

①

②

③

④

43 □□□

　一般的にコンクリートに配合されている材料の組み合わせとして、最も適切なものを選びなさい。
　　①セメント
　　②セメント、水
　　③セメント、砂、水
　　④セメント、砂、砂利、水

44 □□□

　土層改良工法である混層耕の説明として、最も適切なものを選びなさい。
　　①表土にある障害となっている石を取り除き、生育環境の改善と農業機械の作業性の向上を図る工法。
　　②硬くしまった土層に亀裂を入れ膨軟にし、透水性と通気性を改善する工法。
　　③表土が理化学性の劣る土壌で、下層土に耕作に適する肥よくな土壌がある場合に、耕起、混和、反転などを行って、作土の改良を図る工法。
　　④ほかの場所からほ場へ土壌を運搬して、農地土層の理化学的性質を改良する工法。

45 □□□

　ミティゲーションの原則と事例の組み合わせとして、最も適切なものを選びなさい。
　　①修正　　—　　湧水池を現況のまま保全
　　②代償　　—　　魚道の設置
　　③回避　　—　　生物の一時的移動
　　④最小化　—　　生態系に配慮した用水路の設置

46 □□□

　任意の点 O に対するモーメントとして、最も適切なものを選びなさい。ただし、モーメントは時計回りを正（＋）、反時計回りを負（−）とする。
　　①9.5kN・m
　　②10kN・m
　　③34kN・m
　　④44kN・m

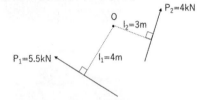

47 □□□

断面積 A＝600mm²、長さ L＝2 m の鋼棒を力 P＝120kN で引っ張ったときの伸びは Δ L＝2 mm であった。この鋼棒の弾性係数を求めなさい。ただし、この鋼棒の伸びは比例限度の範囲にあるものとする。

①200N／mm²
②2,000N／mm²
③20,000N／mm²
④200,000N／mm²

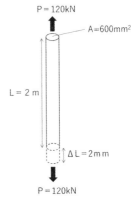

48 □□□

粒径 1 μm 以下の土粒子の名称として、最も適切なものを選びなさい。

①コロイド
②砂
③シルト
④礫

49 □□□

図のような管水路において、断面1の断面積 A_1＝0.8m²、流速が V_1＝3.0m/s であり、断面2の断面積が A_2＝0.2m² であるとき、断面2の流速 V_2 として、最も適切なものを選びなさい。ただし、流れのエネルギーの損失などは無いものとする。

①6 m／s
②8 m／s
③10m／s
④12m／s

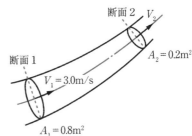

50 □□□

ダムの種類の説明として、最も適切なものを選びなさい。

①コンクリートの堤体の重量により水圧などに抵抗する構造のダムを「均一型フィルダム」という。

②コンクリートの堤体内部を空洞にし、隔壁を設けた構造で、揚圧力を減じて滑動に対する安全性を高めたダムを「コア型フィルダム」という。

③堤体への水圧を、水平なアーチ作用と鉛直な片持ちばり作用により、両翼と下方の岩盤に伝達し抵抗する構造のダムを「アーチ式コンクリートダム」という。

④堤体の大部分が均一な土石材料により構成され、全断面によって遮水する形式のダムを「重力式コンクリートダム」という。

選択科目
（環境系）（林業）

※環境系の選択者は、造園、農業土木、林業のうち１分野を、選択して下さい（複数分野を選択すると不正解となります）。

41 □□□

わが国の森林、木材に関する説明として、最も適切なものを選びなさい。
　①木材の輸入は、まだ自由化されていない。
　②約50年前に比べて、国産材の自給率は上昇した。
　③スギ、ヒノキなどの人工林の大部分は戦後に植栽された。
　④約50年前に比べて、国産材の市場価格は上昇した。

42 □□□

森林の階層構造の説明として、最も適切なものを選びなさい。
　①最上層に林冠をかたちづくるのは亜高木層である。
　②樹冠とは樹木の枝と葉の集まりのことであり、高木層を形成する。
　③高木層の樹高は５ｍ程度である。
　④熱帯雨林では森林の階層構造はみられない。

43 □□□

「年輪」についての説明として、最も適切なものを選びなさい。
　①年輪から木の年齢（樹齢）を調べるには枝の部分で調べる。
　②年輪は広葉樹の方が比較的はっきりしてわかりやすい。
　③年輪には色が淡い早材（春材）と色が濃い晩材（夏材）がある。
　④年輪と年輪との幅が広いと樹木の成長が悪かったと考えられる。

44 □□□

「森林の分類」の説明として、最も適切なものを選びなさい。
①世界自然遺産に指定された屋久島や白神山地の森林を「原生林」という。
②伐採や自然のかく乱によって、前の森林が失われた跡地に成立した森林を「一次林」という。
③人の手で植林した森林を「天然林」という。
④自然に生えた実生や萌芽などが成長して成立した森林を「人工林」という。

45 □□□

公益的な役割をもつ保安林の説明として、最も適切なものを選びなさい。
①保安林の面積で一番多いのは土砂崩壊防備保安林である。
②全国の森林面積の約10％程度が保安林に指定されている。
③保安林は3種類ある。
④保安林に指定されると立木の伐採や土地の形質の変更等が規制される。

46 □□□

次の伐採に関する記述の名称として、最も適切なものを選びなさい。

「受け口と追い口の間の切り残しの部分」

①根張り
②木口
③元口
④つる

47 □□□

立木の太さを測る測定位置として、最も適切なものを選びなさい。
①測定者の膝の高さ（地面から50cm）ぐらい。
②測定者の腰の高さ（地面から100cm）ぐらい。
③測定者の胸の高さ（地面から130cm）ぐらい。
④測定者の目の高さ（地面から150cm）ぐらい。

48 □□□

森林の野生鳥獣による被害に関する説明として、最も適切なものを選びなさい。
　①野生鳥獣による森林被害面積のうち約4分の3はサルによる被害である。
　②イノシシによる被害は、造林地の植栽木の枝葉を食べ植栽木を枯死させる。
　③ツキノワグマによるスギ等の立木の樹皮をはぐ被害がある。
　④被害の防除として、防除スプレーが効果的である。

49 □□□

治山事業に関する説明として、最も適切なものを選びなさい。
　①治山事業は森林のもつ公益的機能の確保のために実施される。
　②地すべり防止工事は、治山工事同様に森林法で規定されている。
　③崩壊した斜面の安定を図り森林を再生するために治山ダムを設置する。
　④わが国の国土は、地形が比較的なだらかで山地災害は少ない。

50 □□□

写真の測定器具の名称として、正しいものを選びなさい。
　①測量ポール
　②輪尺
　③直径巻尺
　④測竿

２０２１年度　第１回（７月１０日実施）

日本農業技術検定　３級　試験問題

◎受験にあたっては、試験官の指示に従って下さい。
　指示があるまで、問題用紙をめくらないで下さい。
◎受験者氏名、受験番号、選択科目の記入を忘れないで下さい。
◎問題は全部で５０問あります。１～３０が農業基礎、３１～５０が選択科目です。
◎選択科目は４科目のなかから１科目だけ選び、解答用紙に選択した科目をマークして下さい。選択科目のマークが未記入の場合には、得点となりません。
　環境系の４１～５０は造園、農業土木、林業から更に１つ選んで下さい。
　選択科目のマークが未記入の場合には、得点となりません。
◎すべての問題において正答は１つです。１つだけマークして下さい。
　２つ以上マークした場合には、得点となりません。
◎総解答数は、どの選択科目とも５０問です。それ以上解答しないで下さい。
◎試験時間は４０分です（名前や受験番号の記入時間を除く）。

【選択科目】

栽培系	p.109～115
畜産系	p.116～121
食品系	p.122～127
環境系	p.128～140

解答一覧は、「解答・解説編」（別冊）の４ページにあります。

日付			
点数			

農業基礎

1 □□□

写真の2つの葉菜類の科名として、最も適切なものを選びなさい。

①マメ科
②ウリ科
③アブラナ科
④ナス科

2 □□□

写真 A、B は代表的な野菜の雌花（めばな）である。これらの野菜の科名として、最も適切なものを選びなさい。

A   B

①バラ科
②ウリ科
③マメ科
④ナス科

3 □□□

作物の光合成の説明として、最も適切なものを選びなさい。
①植物が酸素と水と光エネルギーを有機物に合成することを光合成と呼ぶ。
②植物は光合成により、酸素を吸収して、二酸化炭素を放出する。
③光合成速度は二酸化炭素濃度の影響を受ける。
④見かけの光合成の速さとは、光合成の速さと呼吸の速さを合算したものである。

4 □□□

栽培作業の説明として、最も適切なものを選びなさい。
①「定植」とは、育苗した苗をポリポットなどに植えることである。
②「中耕」とは、作物の生育期間中に土の表面を浅く耕すことである。
③「土寄せ」とは、畑の外にある土を持ってきて畑全体を高くする作業である。
④「覆土」とは、うね立てをした土を戻す作業である。

5 □□□

写真の野菜の種子の科名として、最も適切なものを選びなさい。
 ①マメ科
 ②ウリ科
 ③ナス科
 ④アブラナ科

6 □□□

発芽の三条件の組み合わせとして、最も適切なものを選びなさい。
 ①光　　　－　　　水　　　－　　　温度
 ②酸素　　－　　　水　　　－　　　光
 ③酸素　　－　　　水　　　－　　　温度
 ④酸素　　－　　　養分　　－　　　温度

7 □□□

うどんこ病の伝染方法として、最も適切なものを選びなさい。
 ①土壌伝染
 ②空気伝染
 ③種子（種苗）伝染
 ④昆虫によるウイルス伝染

8 ☐☐☐

写真の作物の利用器官として、最も適切なものを選びなさい。
　①子実
　②茎
　③葉
　④根

9 ☐☐☐

春まき一年草として、最も適切なものを選びなさい。
　①チューリップ
　②パンジー
　③シクラメン
　④マリーゴールド

10 ☐☐☐

　生育期の平均気温が15〜18℃の比較的冷涼な気象条件の場所に産地が形成されている果樹として、最も適切なものを選びなさい。
　①カンキツ
　②マンゴー
　③ビワ
　④リンゴ

11 ☐☐☐

化学的防除法の説明として、最も適切なものを選びなさい。
　①化学合成農薬や性フェロモンによる有害生物防除法。
　②ビニールフィルムや防虫ネットによる被覆、太陽熱を利用した土壌消毒による有害生物防除法。
　③病害に抵抗性をもつ品種や台木の利用、天敵を利用した有害生物防除法。
　④輪作や作物残渣の除去などによる有害生物防除法。

12 □□□

センチュウの対抗植物として用いられることのある写真の草花名として、最も適切なものを選びなさい。
　①キク
　②マリーゴールド
　③ヒマワリ
　④コスモス

13 □□□

一年生畑地雑草のアカザ科はどれか、最も適切なものを選びなさい。

14 □□□

植物が最も多く吸収する成分として、最も適切なものを選びなさい。
　①窒素（N）
　②亜鉛（Zn）
　③マンガン（Mn）
　④ホウ素（B）

15 ☐☐☐

土の団粒化を進めるために必要なものとして、最も適切なものを選びなさい。
①アンモニア系肥料
②有機物
③石灰質肥料
④微量要素

16 ☐☐☐

写真の根粒菌の説明として、最も適切なものを選びなさい。

①キク科の植物の根に共生する。
②空中の窒素を固定し、宿主である植物に供給する。
③植物体を枯死させる病原菌である。
④土壌からリン酸を吸収し、宿主である植物体に供給する。

17 ☐☐☐

ある肥料の袋には下に示した表示があった。この肥料として、最も適切なものを選びなさい。

13 - 16 - 8

①有機質肥料
②微量要素肥料
③普通化成肥料
④高度化成肥料

第1回 2021年度

18 □□□

一般に肥料の三要素のうち「根肥」ともいわれるものとして、最も適切なものを選びなさい。
①窒素
②カルシウム
③リン酸
④カリウム

19 □□□

ニワトリの品種のうち、卵肉兼用種として、最も適切なものを選びなさい。
①白色レグホーン種
②白色コーニッシュ種
③白色プリマスロック種
④横はんプリマスロック種

20 □□□

ブタに関する説明として、最も適切なものを選びなさい。
①胃は牛と同じく4つある。
②発情は春のみで、年1回の繁殖である。
③1回の産子数は、約4～14頭である。
④草のみを食べる草食性である。

21 □□□

乳量が多く、わが国で最も多く飼育されている乳牛品種として、最も適切なものを選びなさい。
①ホルスタイン種
②ジャージー種
③黒毛和種
④褐毛和種

22 □□□

ダイズを原料とする加工品として、最も適切なものを選びなさい。
①上新粉
②白玉粉
③きな粉
④デュラム粉

23 □□□

完熟したトマト特有の赤系の色素として、最も適切なものを選びなさい。
①キサントフィル
②リコピン
③クロロフィル
④アントシアン

24 □□□

農家の定義として、最も適切なものを選びなさい。
①経営耕地面積が10a 以上の農業を営む世帯又は農産物販売金額が年間15万円以上ある世帯。
②経営耕地面積30a 以上又は農産物販売金額が年間50万円以上の農家。
③農業所得が主（農家所得の50％以上が農業所得）で、1年間に60日以上自営農業に従事している65歳未満の世帯員がいる農家。
④世帯員の中に兼業従事者が1人もいない農家。

25 □□□

わが国のカロリーベースの食料自給率として、最も適切なものを選びなさい。
①25％
②38％
③42％
④56％

26 □□□

農業粗収益（農業経営によって得られた総収益額）から農業経営費（農業経営に要した一切の経費）を差し引いたものを何というか、最も適切なものを選びなさい。
①農業所得
②農業生産関連事業所得
③農外所得
④総所得

27 □□□

作物伝来の際や輸入貨物にまぎれることにより、他の国から運ばれてきた植物や種子がその国に土着し自生するに至ったものを何というか、最も適切なものを選びなさい。
　①薬用植物
　②地衣植物
　③在来植物
　④帰化植物

28 □□□

地球規模の主要な環境問題のうち、硫黄酸化物や窒素酸化物が原因で発生するものとして、最も適切なものを選びなさい。
　①地球の温暖化
　②オゾン層の破壊
　③生物多様性の減少
　④酸性雨

29 □□□

農家民宿や古民家等を活用した宿泊施設に滞在して、伝統的な生活体験と農山漁村の人々との交流を楽しむ農山漁村滞在型旅行として、最も適切なものを選びなさい。
　①クラインガルテン
　②農産物直売所
　③道の駅
　④農泊（農家民泊等）

30 □□□

乗用トラクタ（ディーゼルエンジン）の燃料として、最も適切なものを選びなさい。
　①LPG
　②灯油
　③軽油
　④ガソリン

31 □□□

　イネの生育ステージと主要管理作業の説明として、最も適切なものを選びなさい。

　　①栄養成長期には活着期と幼穂発育期があり、生殖成長期には分げつ期と登熟期がある。
　　②幼穂分化の始まる10〜15日前頃から落水して中干しを行う。
　　③耕起・砕土することを代かきという。
　　④出穂以降の追肥は穂肥という。

第1回 2021年度

32 □□□

　種もみの準備作業の手順で最初に行うものとして、最も適切なものを選びなさい。

　　①浸種
　　②塩水選
　　③消毒
　　④催芽

33 □□□

　ダイズの生育はじめの形態を示した下図のうち、複葉として、正しいものを選びなさい。

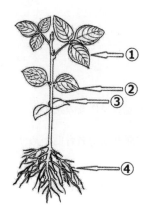

34 □□□

　ジャガイモの土寄せに関する記述として、最も適切なものを選びなさい。
　①土寄せをすると病害虫の発生を助長する。
　②中耕や土寄せを行うと、雑草が繁茂しやすくなる。
　③土寄せは根を切ってしまうので、しない方が良い。
　④肥大した塊茎が緑化しないようにすることが主目的である。

35 □□□

　発芽時に必要な養分を子葉に蓄えている無胚乳種子として、最も適切なものを選びなさい。
　①イネ
　②トウモロコシ
　③トマト
　④ダイズ

36 □□□

トマトの生育特性について、最も適切なものを選びなさい。
①中央アジアが原産のため、低い気温が適し、真夏の高温期は生育が悪くなる。
②根は浅根性であるため、かん水回数を多くする必要がある。
③梅雨期に病気が多く、土壌の乾湿による裂果が多いため、雨よけ栽培が望ましい。
④昼夜の温度差が少ない方が品質のよい果実が収穫できる。

37 □□□

キュウリの生育特性について、最も適切なものを選びなさい。
①根は深根性である。
②トマト並みの強い光を必要とする。
③雌雄異花で、雌花は受粉しないと着果しない。
④土の乾燥には弱く、水分不足になると生育や果実の肥大が抑制される。

38 □□□

野菜の接ぎ木について、最も適切なものを選びなさい。
①キュウリの接ぎ木台木としては、カボチャなど同じ科では活着率が高い。
②接ぎ木の方法は、寄せ接ぎとさし接ぎであり、割り接ぎでは活着しない。
③接ぎ木は、病害虫抵抗力向上だけを目的に実施される。
④塊茎のジャガイモを台木にしたスイカの接ぎ木は実際に行われている。

39 □□□

次の野菜のうち、光が当たると発芽しにくい種子はどれか、最も適切なものを選びなさい。
①レタス
②ニンジン
③トマト
④シソ

40 □□□

キクの栄養繁殖の方法として、最も適切なものを選びなさい。
①さし芽
②接ぎ木
③取り木
④分球

41 □□□

　移植を嫌う草花として、最も適切なものを選びなさい。
　　①マリーゴールド
　　②ハボタン
　　③パンジー
　　④スイートピー

42 □□□

　次の写真からペチュニアを選びなさい。

　果樹の分類として、最も適切なものを選びなさい。
　　①落葉果樹・・・・・ブドウ、ビワ
　　②常緑果樹・・・・・レモン、オウトウ
　　③低木果樹・・・・・ブルーベリー、ナシ
　　④つる性果樹・・・・ブドウ、キウイフルーツ

　写真 A、B は国内の代表的な果樹の開花写真である。果樹の名称の組み合わせとして、最も適切なものを選びなさい。

A

B

　　　　　A　　　　　　　　　　　　B
　①リンゴ ——————— カンキツ
　②ウメ　 ——————— ビワ
　③ナシ　 ——————— リンゴ
　④モモ　 ——————— カキ

45 ☐☐☐

写真のモモの栽培管理上、矢印のつぼみを摘み取る管理作業の名称として、最も適切なものを選びなさい。
①摘花
②摘らい
③摘粒
④摘果

46 ☐☐☐

わい性台木を利用したわい化栽培が普及している果樹として、最も適切なものを選びなさい。
①クリ
②リンゴ
③ウメ
④ニホンナシ

47 ☐☐☐

写真のハクサイの葉を食害した害虫として、最も適切なものを選びなさい。
①アブラムシの成虫
②モンシロチョウの幼虫
③カメムシの成虫
④コナジラミの成虫

48 □□□

キュウリについての説明として、最も適切なものを選びなさい。
　①キュウリは雌雄異株である。
　②雌花と雄花がある。
　③受粉・受精がないと果実は肥大しない。
　④接ぎ木育苗にはブルームレス効果はない。

49 □□□

ポリエチレンフィルムを使ったマルチングにおいて、地温上昇効果が最も高いものとして、最も適切なものを選びなさい。
　①白色フィルム
　②透明フィルム
　③黒色フィルム
　④シルバーフィルム

50 □□□

写真は果樹類の接ぎ木の様子を示したものである。矢印部分の名称として、最も適切なものを選びなさい。
　①台木
　②穂木
　③徒長枝
　④発育枝

選択科目（畜産系）

31 □□□

写真の飼育方式の名称として、最も適切なものを選びなさい。
①平飼い
②つなぎ飼い方式
③立体飼い
④フリーストール方式

32 □□□

ニワトリのふ化に関する説明として、最も適切なものを選びなさい。
①入卵の際は、卵の丸いほうの端を下にして並べる。
②入卵中には、胚の発育状態を調べる検卵を行う。
③種卵は、多少傷があってもふ化に使用することができる。
④卵のとがりが鋭いものが有精卵であるため、これを種卵とする。

33 □□□

初生びなと幼びなの管理方法として、最も適切なものを選びなさい。
①幼びなは、病気に弱いので保温よりも換気を優先する。
②初生びなのへそは、すぐにしまるので開いていても構わない。
③幼びなは、タンパク質の少ない専用の飼料でゆっくり育てる。
④ふ化したばかりの初生びなには、ふ化後１〜２日は飼料を与える必要はない。

34 □□□

　ニワトリが産卵した後、卵を抱いてヒナをかえす習性の名称として、最も適切なものを選びなさい。
　　①育雛
　　②ペックオーダー
　　③クラッチ
　　④就巣性

35 □□□

　ニワトリの消化器官の説明として、最も適切なものを選びなさい。
　　①飼料をすりつぶすため臼状の歯がある。
　　②大きく発達した盲腸が２つある。
　　③哺乳類に比べ、腸管が長く通過時間が短い。
　　④胃は４つある。

36 □□□

　ニワトリの消化器のうち細かい石（グリット）があるのはどこか、最も適切なものを選びなさい。
　　①そのう
　　②腺胃
　　③胆のう
　　④筋胃

37 □□□

　ブタの生産に関する説明として、最も適切なものを選びなさい。
　　①ブタの生産は、子ブタの生産と肉の生産とに分けられる。
　　②繁殖豚は、生後15か月頃で最初の交配をする。
　　③繁殖豚は、１回の分娩で４〜６頭の子を産む。
　　④一般的には、２年で２回以上の出産が目標となっている。

38 □□□

　繁殖豚の妊娠期間として、最も適切なものを選びなさい。
　　①84日
　　②114日
　　③134日
　　④154日

39 □□□

令和元年におけるブタの産出額が最も多い都道府県はどれか、次の中から選びなさい。
①宮崎県
②千葉県
③北海道
④鹿児島県

40 □□□

中型種のブタとして、最も適切なものを選びなさい。
①バークシャー種
②ランドレース種
③ハンプシャー種
④大ヨークシャー種

41 □□□

ブタの大ヨークシャー種の品種略号として、正しいものを選びなさい。
① W
② H
③ L
④ B

42 □□□

繁殖豚が発情した場合の対応として、最も適切なものを選びなさい。
①飼料の給与量を増やす。
②人工授精を行う。
③放牧して日光浴をさせる。
④分娩の準備を行う。

43 □□□

写真のウシの品種名として、最も適切なものを選びなさい。
①ホルスタイン種
②ジャージー種
③ガンジー種
④ブラウンスイス種

44 □□□

乳牛の繁殖と泌乳についての記述として、最も適切なものを選びなさい。
①乳牛（ウシ）は出生から初回分娩までを経産牛、分娩を経験すると未経産牛という。
②乳牛の雌は通常生後14〜16か月齢で受胎、280日前後の妊娠期間を経て分娩する。
③乳牛は2産目以降、分娩予定前の約60日間は乳生産が最も活発となる。
④乳牛の泌乳量は一般的に初産が最も高く、その後産次を重ねるにつれて減っていく。

45 □□□

乳排出促進につながるホルモンとして、最も適切なものを選びなさい。
①アドレナリン
②エストロゲン
③オキシトシン
④プロゲステロン

46 □□□

ウシの反すう胃の働きとして、最も適切なものを選びなさい。
①反すう胃内にいる微生物の働きによって、繊維質飼料を消化、利用できる。
②反すう胃内にいる微生物の働きと小石によって、飼料がすりつぶされる。
③反すう胃内の胃酸の働きによって、繊維質飼料を消化、利用できる。
④反すう胃内の胃酸の働きと小石によって、飼料がすりつぶされる。

47 □□□

写真の用具を用いた搾乳時に行う作業の名称として、最も適切なものを選びなさい。
①前搾り
②ディッピング
③マッサージ
④ミルカー装着

48 □□□

写真の機械の名称として、最も適切なものを選びなさい。
①レーキ
②プラウ
③ドリルシーダ
④マニュアスプレッダ

49 　□□□

写真の作物名として、最も適切なものを選びなさい。
① イタリアンライグラス
② チモシー
③ エンバク
④ ソルゴー

50 　□□□

平成30年におけるペット事情について、最も適切なものを選びなさい。
① 犬の飼養頭数は猫の飼養頭数より多い。
② 犬の飼養頭数は増加傾向にある。
③ 少子化により15歳未満の子供の人口よりも犬猫の飼養頭数の方が多い。
④ 家庭における犬の飼養割合は約3割程度である。

31 □□□

食品には3つの機能があるが、第一次機能といわれる機能として、最も適切な
ものを選びなさい。
①簡便性
②嗜好性
③栄養性
④保存性

32 □□□

食品成分の説明として、最も適切なものを選びなさい。
①デンプンとは、多数のアミノ酸が結合した化合物である。
②タンパク質とは、多数の単糖類が結合した化合物である。
③脂質とは、脂肪酸とグリセリンの化合物である。
④ミネラルとは、炭素原子を含む化合物である。

33 □□□

野菜や果実などに含まれ、褐変や熟成などの原因となる酵素が属する栄養素と
して、最も適切なものを選びなさい。
①炭水化物
②タンパク質
③脂質
④ビタミン

34 □□□

食品とそれに含まれる主な脂肪酸の組み合わせとして、最も適切なものを選びなさい。
①大豆油　―　酪酸
②バター　―　ステアリン酸
③豚脂　　―　リノレン酸
④魚油　　―　ドコサヘキサエン酸（DHA）

35 □□□

卵黄やダイズに含まれるリン脂質として、最も適切なものを選びなさい。
①レシチン
②システイン
③ペクチン
④プロリン

36 □□□

一般食品に義務づけられている栄養成分表示について、最も適切なものを選びなさい。
①表示欄に「栄養成分表示」の文字の表示は不要である。
②熱量及び栄養成分項目の表示の順番は自由にしてよい。
③食品単位は100g、100ml、1食分、1包装、その他1単位のいずれかを表示する。
④表示される値は分析によって求めた値のみを表示する。

37 □□□

必須アミノ酸のみの組み合わせとして、最も適切なものを選びなさい。
①セリン　　　　―　プロリン　　　　―　チロシン
②アスパラギン酸　―　アルギリン　　　―　アラニン
③グリシン　　　―　グルタミン酸　　―　システイン
④イソロイシン　―　トリプトファン　―　フェニルアラニン

- 123 -

38 □□□

　一般的な食パンの製造では、ある工程で、生地が小さくなったり側面が折れて
しまわないよう生地に衝撃を与える。この作業をする工程として、最も適切なも
のを選びなさい。
　　①仕込み終了時
　　②焼き上げ終了時
　　③分割中
　　④発酵中

39 □□□

　小麦に含まれるタンパク質として、最も適切なものを選びなさい。
　　①アルブミン
　　②グロブリン
　　③ミオシン
　　④グルテン

40 □□□

　地域の特徴あるめん類と生産地の組み合わせとして、最も適切なものを選びな
さい。
　　①うちなーそば　―　鹿児島県
　　②ほうとう　　　―　千葉県
　　③白石うーめん　―　宮城県
　　④三輪そうめん　―　愛知県

41 □□□

　果実中の成分の特徴として、最も適切なものを選びなさい。
　　①成熟した果実は、麦芽糖が主体である。
　　②果実中の主要な有機酸は、脂肪酸である。
　　③かんきつ類やリンゴでは、貯蔵中に有機酸が大幅に増加する味ぼけを起こ
　　　す。
　　④果実の味覚は、糖と酸の量比である糖酸比によって大きく左右される。

42 □□□

ミカン缶詰の製造工程の一部として、最も適切なものを選びなさい。
①（身割り）→（シラップの注入）→（じょうのう膜の除去）→（脱気・巻き締め）→（殺菌）
②（身割り）→（じょうのう膜の除去）→（シラップの注入）→（脱気・巻き締め）→（殺菌）
③（身割り）→（じょうのう膜の除去）→（脱気・巻き締め）→（シラップの注入）→（殺菌）
④（身割り）→（脱気・巻き締め）→（シラップの注入）→（じょうのう膜の除去）→（殺菌）

43 □□□

ジャム製造におけるゼリー化の三要素の組み合わせとして、最も適切なものを選びなさい。
①ペクチン・糖・有機酸
②タンニン・糖・有機酸
③ペクチン・糖・アルコール
④タンニン・糖・アルコール

44 □□□

牛乳の殺菌方法のうち、生乳を72℃以上で連続的に15秒以上加熱する方法として、最も適切なものを選びなさい。
①LTLT 法
②HTLT 法
③HTST 法
④UHT 法

45 □□□

乳等省令において、「生乳、牛乳又は特別牛乳にしょ糖を加えて濃縮したもの」と定義されている乳製品として、最も適切なものを選びなさい。
①無糖練乳
②無糖脱脂練乳
③加糖練乳
④加糖脱脂練乳

46 □□□

写真の機器を使用して製造する製品として、最も適切なものを選びなさい。
①バター
②ヨーグルト
③ソーセージ
④マーマレード

47 □□□

豚のひき肉に脂肪を加え、調味料や香辛料で味つけした後、羊腸または製品の太さが20mm 未満の人工ケーシングに詰めた肉製品として、最も適切なものを選びなさい。
①ウィンナーソーセージ
②ボロニアソーセージ
③ドライソーセージ
④プレスハム

48 □□□

食品中の水に溶けて浸透圧を高くすることで微生物の繁殖を抑制し、食品の保存性を増大させるものとして、最も適切なものを選びなさい。
①二酸化炭素
②エチレン
③窒素
④食塩

49 □□□

次の食品と用いられる「凝固剤」の組み合わせとして、最も適切なものを選びなさい。
①豆腐 　　　　— 　塩化マグネシウム
②ビスケット 　— 　炭酸水素ナトリウム
③ワイン 　　　— 　エリソルビン酸
④たくわん漬け — 　サッカリンナトリウム

50 □□□

食品加工の施設管理と設備配置として、最も適切なものを選びなさい。
①汚染作業区域と清潔作業区域は床を明るい同じ色にする。
②加工室外で履く靴と加工室内で履く靴は同じところに置かない。
③汚染作業区域の作業員と清潔作業区域の作業員は随時交代させる。
④加熱前の物と加熱後の物は清潔な同じ台に置く。

選択科目（環境系）

31 □□□

わが国の森林の状況の説明として、最も適切なものを選びなさい。
　①森林の蓄積量は年々増加している。
　②スギ、ヒノキ、カラマツなどの多くは戦前から植栽されたものである。
　③日本には外材はあまり輸入されていない。
　④手入れされずに放置された森林はあまり見かけない。

32 □□□

樹木調査で胸高直径が1.2m であった。この樹木の外周の長さとして、最も適切なものを選びなさい。
　①3.568m
　②3.668m
　③3.768m
　④3.868m

33 □□□

次の樹木のうち広葉樹として、最も適切なものを選びなさい。
　①アカマツ
　②コナラ
　③スギ
　④トドマツ

34 □□□

　樹木を切り倒すとき、図の矢印で示した部分の名称として、最も適切なものを
選びなさい。
　　①受け口
　　②追い口
　　③落ち口
　　④逃げ口

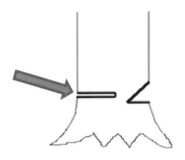

35 □□□

　写真の製図用具の名称として、最も適切なものを選びなさい。
　　①テンプレート定規
　　②スプリングコンパス
　　③雲形定規
　　④自在曲線定規

36 □□□

　アリダードの写真の（A）の名称として、最も適切なものを選びなさい。
　　①気ほう管
　　②定規縁
　　③前視準板
　　④後視準板

37 　□□□

オートレベルの説明として、最も適切なものを選びなさい。
　　①器械をほぼ水平にした後、微傾動ネジで視準線を水平にする。
　　②水平なレーザー光を出す。
　　③器械をほぼ水平にすると、自動的に視準線が水平になる。
　　④三脚の代わりに、手で水平にして使う。

38 　□□□

「年輪」についての説明として、最も適切なものを選びなさい。
　　①熱帯のチーク材のほうが、日本のスギ材よりも年輪がはっきりしている。
　　②年輪により、樹種を調べることができる。
　　③年輪により、成長の様子、生育中の環境の影響を調べることができる。
　　④年輪と年輪の幅が広いと樹木の生長が悪いと考えられる。

39 　□□□

製図で用いる「太い実線」の用途として、最も適切なものを選びなさい。
　　①寸法を記入するのに用いる。
　　②対象物の見えない部分の形状を表すのに用いる。
　　③図形の中心を表すのに用いる。
　　④対象物の見える部分の形状を表すのに用いる。

40 　□□□

写真の機械を使用する作業として、最も適切なものを選びなさい。
　　①間伐
　　②下刈り
　　③枝打ち
　　④側樹

選択科目
（環境系）（造園）

※環境系の選択者は、造園、農業土木、林業のうち1分野を、選択して下さい（複数分野を選択すると不正解となります）。

41 □□□

春日灯籠の各部位の名称で、織部灯籠・雪見灯籠にはない部位はどれか、最も適切なものを選びなさい。
- ①宝珠
- ②火袋
- ③中台
- ④基礎

42 □□□

公園等に植栽する場合、正確な場所を確認するための図面として、最も適切なものを選びなさい。
- ①平面図
- ②透視図
- ③立面図
- ④断面図

43 □□□

枯山水式庭園の説明として、最も適切なものを選びなさい。
- ①茶の湯に実用的に茶室と一体的に構成された飛び石や蹲踞を配する庭園。
- ②池を作り島や山を表現している庭園。
- ③池泉を中心とした庭を巡りながら鑑賞するために茶亭・園路・橋などを配した庭園。
- ④水を使わずに岩石と砂で水のある景色を表現する庭園。

44 □□□

街区公園の標準面積と誘致距離の組み合わせとして、最も適切なものを選びなさい。

　（標準面積）　　（誘致距離）
①0.25ha　　－　　　250m
②0.35ha　　－　　　350m
③0.45ha　　－　　　450m
④0.55ha　　－　　　550m

45 □□□

庭木や街路樹に使われるハナミズキの開花期として、最も適切なものを選びなさい。
①2月～3月
②4月～5月
③6月～7月
④8月～9月

46 □□□

樹木の根回しの期間として、最も適切なものを選びなさい。
①1年～3年
②4年～5年
③6年～7年
④8年～9年

47 □□□

四ツ目垣の「胴縁（どうぶち）」の施工方法として、最も適切なものを選びなさい。
①末口を右方向にそろえて取り付ける。
②元口を右方向にそろえて取り付ける。
③末口と元口の方向を交互にして取り付ける。
④末口を縦方向になるように取り付ける。

48 □□□

樹木の繁殖方法の「さし木」の説明として、最も適切なものを選びなさい。
①台木に近い種類の植物の一部を接着させて繁殖させる方法。
②母樹の枝や葉などの一部を切り離し用土にさして繁殖させる方法。
③生育している植物を分割して繁殖させる方法。
④バイオテクノロジーの技術を用いて大量に繁殖させる方法。

49 □□□

赤星病の発生しやすい樹木として、最も適切なものを選びなさい。
   ①イロハカエデ
   ②マダケ
   ③クロマツ
   ④ナシ

50 □□□

世界で最初に国立公園を制定した国はどこか、最も適切なものを選びなさい。
   ①フランス
   ②ドイツ
   ③イギリス
   ④アメリカ

選択科目
（環境系）（農業土木）

※環境系の選択者は、造園、農業土木、林業のうち1分野を、選択して下さい（複数分野を選択すると不正解となります）。

41 □□□

　次の器高式野帳において、（A）～（C）に当てはまる語句の組み合わせとして、最も適切なものを選びなさい。

（単位：m）

| 測点 | 距離 | 後視 | 前視 | | (C) | 標高 |
			(A)	(B)		
BM.A		1.566			21.566	20.000
No.1	20.00			1.221		20.345
No.2	20.00	1.325	0.995		21.896	20.571
No.3	20.00			1.552		20.344
No.4	20.00			0.823		21.073
No.5	20.00	1.825	1.523		22.198	20.373
BM.B	20.00		1.291			20.907
計	120.00	4.716	3.809			

	(A)		(B)		(C)
①	もりかえ点	－	器械高	－	中間点
②	器械高	－	もりかえ点	－	中間点
③	中間点	－	器械高	－	もりかえ点
④	もりかえ点	－	中間点	－	器械高

42 ☐☐☐

平板測量において、直線距離が測れない場合に複数測点から方向線を引いて測定する方法に関係する用語として、最も適切なものを選びなさい。
　①閉合誤差
　②示誤三角形
　③較差
　④高低差

43 ☐☐☐

力の三要素として、最も適切なものを選びなさい。
　①大きさ、方向、作用点
　②距離、方向、作用点
　③大きさ、合成、作用点
　④大きさ、方向、高さ

44 ☐☐☐

材長が5mで、荷重位置の変形量が5mmであった。このときのひずみとして、最も適切なものを選びなさい。
　①1
　②1／10
　③1／100
　④1／1000

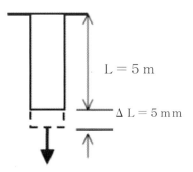

45 ☐☐☐

水路におけるミティゲーションの5原則と事例の組み合わせとして、最も適切なものを選びなさい。
　①回避　…　湧水池の保全
　②最小化　…　魚道の設置
　③修正　…　生態系に配慮した用水路
　④軽減/消失　…　代償施設の設置

46

土地改良工法の「心土破砕」の説明として、最も適切なものを選びなさい。
　①湧水の激しい水田を転圧し、土の間隔を小さくして浸透を抑制する。
　②通気性や透水性が著しく劣る重粘性土に亀裂を入れ、細粒化して表土と混層する。
　③下層土に肥沃な土層がある場合に、耕起、混和、反転などを行って作土の改良を図る。
　④他の場所からほ場へ土壌を運搬して、農地土層の理化学的性質を改良する。

作物の生育に支障のある土層を取りのぞいて、作土厚や有効土層深を増加させる土地改良工法として、最も適切なものを選びなさい。
　①不良土層排除
　②客土
　③除礫
　④床締め

底面積が3㎡の水槽に水を入ると、底面に15kNの力が作用した。このとき水槽の底面に作用している水圧として、正しいものを選びなさい。
　①45kN
　②5 kN
　③45kPa
　④5 kPa

土の分類において、コロイドの粒径の範囲として、最も適切なものを選びなさい。
　①1 μm以下
　②5 μm〜75μm
　③75μm〜2 mm
　④2 mm〜75mm

第1回 2021年度

50 ☐☐☐

製図に用いる次の断面記号は何を表すか、最も適切なものを選びなさい。

①コンクリート
②石材または擬石
③地盤
④割ぐり

選択科目 （環境系）（林業）

※環境系の選択者は、造園、農業土木、林業のうち１分野を、選択して下さい（複数分野を選択すると不正解となります）。

41 □□□

気候による植生の違いに関する次の記述に該当するものとして、最も適切なものを選びなさい。

「山地や平地など起伏に富んだ日本においては、標高によって植生が変化する。」

①一次遷移
②二次遷移
③水平分布
④垂直分布

42 □□□

「スギ」に関する説明として、最も適切なものを選びなさい。
①スギの主な用途は、きのこの原木用である。
②スギの主な用途は、タンスなどの家具用である。
③スギの材は、固くて加工がしにくいが強度は強い。
④スギの材の中心は、赤みがかっている場合が多い。

43 □□□

「萌芽更新」に関する説明として、最も適切なものを選びなさい。
①萌芽更新が可能な樹種は、ヒノキなどの針葉樹が適している。
②樹木の伐採後に残された根株から芽が出て、これが成長することを萌芽という。
③建築材として木材を生産するには萌芽更新が適している。
④萌芽更新は70年生以上の樹木を伐採した方が更新されやすい。

44 ☐☐☐

「玉切り」に関する説明として、最も適切なものを選びなさい。
　①チェーンソーは玉切りには使用しない。
　②ハーベスタなどの高性能林業機械も玉切りができる。
　③集材の作業の一つである。
　④玉切る長さは5mが一般的である。

45 ☐☐☐

図の「高性能林業機械」の名称と使用する作業の組み合わせとして、最も適切なものを選びなさい。
　①フォワーダ　　－　　集材
　②プロセッサ　　－　　造材
　③タワーヤーダ　－　　集材
　④スキッダ　　　－　　造材

46 ☐☐☐

木材（丸太）の材積測定に関する説明として、最も適切なものを選びなさい。
　①丸太の末口とは、根元に近い方の木口のことである。
　②丸太の材積の呼称として、かつては「石」を単位としていた。
　③末口自乗法（二乗法）とは、末口直径×長さで求める。
　④柱用の丸太の長さとして、2mが一般的である。

47 ☐☐☐

傾斜地における伐採方向として無難な方向は傾斜に向かってどの方向か、最も適切なものを選びなさい。
　①上向き
　②下向き
　③斜め上向き
　④横向き

48 □□□

斜面において立木の太さを測る測定位置として、最も適切なものを選びなさい。
　①立木の上側（山側）の地面から50cm
　②立木の上側（山側）の地面から120cm
　③立木の下側（谷側）の地面から50cm
　④立木の下側（谷側）の地面から120cm

49 □□□

令和元年度における、わが国の木材の自給状況について、最も適切なものを選びなさい。
　①需要量は、合板用材が製材用材やパルプ・チップ用材より多い。
　②製材用材の自給率は約５割である。
　③パルプ・チップ用材の自給率は約３割である。
　④合板用材の自給率は約１割である。

50 □□□

平成31年３月に「森林環境税及び森林環境譲与税法」が成立したが、この新たな制度の内容として、最も適切なものを選びなさい。
　①自治体による森林の譲与・譲渡のために使われる。
　②公害対策など環境保全のために使われる。
　③主に森林整備の促進のために使われ、木材利用の促進のためにも使われる。
　④都道府県に譲与されるが、市町村には譲与されない。

2021年度第2回（12月11日実施）
日本農業技術検定　3級　試験問題

◎受験にあたっては、試験官の指示に従って下さい。
　指示があるまで、問題用紙をめくらないで下さい。
◎受験者氏名、受験番号、選択科目の記入を忘れないで下さい。
◎問題は全部で50問あります。1〜30が農業基礎、31〜50が選択科目です。
◎選択科目は4科目のなかから1科目だけ選び、解答用紙に選択した科目をマークして下さい。選択科目のマークが未記入の場合には、得点となりません。
　環境系の41〜50は造園、農業土木、林業から更に1つ選んで下さい。
　選択科目のマークが未記入の場合には、得点となりません。
◎すべての問題において正答は1つです。1つだけマークして下さい。
　2つ以上マークした場合には、得点となりません。
◎総解答数は、どの選択科目とも50問です。それ以上解答しないで下さい。
◎試験時間は40分です（名前や受験番号の記入時間を除く）。

【選択科目】

栽培系	p.150〜156
畜産系	p.157〜162
食品系	p.163〜168
環境系	p.169〜181

解答一覧は、「解答・解説編」（別冊）の5ページにあります。

日付			
点数			

農業基礎

1 □□□

写真の花の野菜の名称として、最も適切なものを選びなさい。
①キュウリ
②ナス
③ダイコン
④ニンジン

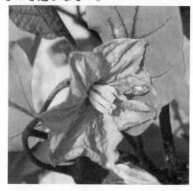

2 □□□

単為結果の説明として、最も適切なものを選びなさい。
①受精をすることにより、結実肥大すること。
②受粉・受精をしなくても果実が肥大すること。
③単為結果による果実には種子ができる。
④イチゴやキウイフルーツは単為結果による。

3 □□□

作物の生理作用として、最も適切なものを選びなさい。
①種子の発芽には、水、温度、二酸化炭素の三条件が必要である。
②種子には、光が当たると発芽率がよくなるものがある。
③光合成は、光エネルギーを利用して、水と酸素から、炭水化物を合成することである。
④葉の気孔からは水分のみが放出される。

4 □□□

同一株に雌花と雄花を有する作物として、最も適切なものを選びなさい。
①イネ
②トマト
③キュウリ
④ナス

5 □□□

利用部位による野菜の分類として、最も適切なものを選びなさい。
①果菜類・・・・キュウリ、トマト
②葉菜類・・・・ジャガイモ、カブ
③根菜類・・・・アスパラガス、タマネギ
④果菜類・・・・レタス、ブロッコリー

6 □□□

左の写真は開花時、右の写真は結実時のものである。この野菜の科名として、最も適切なものを選びなさい。

①バラ科
②アブラナ科
③ユリ科
④ウリ科

主に種子で繁殖させる草花（育種を除く）として、最も適切なものを選びなさい。
① テッポウユリ
② サルビア
③ ドラセナ類
④ バラ

8 ☐☐☐

無機質肥料と比較した有機質肥料の特徴として、最も適切なものを選びなさい。
① 速効性の効果がある。
② 品質が一定（均一）である。
③ 土壌の微生物を減らす。
④ 土壌の団粒化を促進する。

9 ☐☐☐

欠乏すると作物の下葉や古い葉から黄色になり、上葉が小さくなる肥料要素として、最も適切なものを選びなさい。
① カリ
② リン酸
③ 窒素
④ カルシウム

10 ☐☐☐

「18-4-12」の表示がある化成肥料40kg中に含まれるリン酸の成分量として、最も適切なものを選びなさい。
① 0.8kg
② 1.6kg
③ 4.8kg
④ 7.2kg

11 ☐☐☐

土壌の構造の説明として、最も適切なものを選びなさい
① 団粒構造は、通気性、排水性は良いが、保水性は悪い。
② 団粒構造は、通気性、排水性、保水性のすべての機能性に優れている。
③ 単粒構造は、通気性、排水性、保水性のすべての機能性に優れている。
④ 単粒構造は、通気性、排水性は悪いが、保水性は良い。

12 □□□

酸性土壌を改良する方法として、最も適切なものを選びなさい
　①多量のかん水を行う。
　②薬剤により土壌消毒を行う。
　③硫黄粉末を施用する。
　④石灰資材（苦土石灰等）を施用する。

13 □□□

水田雑草として、最も適切なものを選びなさい。
　①スベリヒユ
　②スギナ
　③シロザ
　④コナギ

14 □□□

色彩粘着シートを利用した害虫防除対策として、最も適切なものを選びなさい。
　①物理的防除法
　②生物的防除法
　③化学的防除法
　④耕種的防除法

15 □□□

イネのいもち病の発生する原因として、最も適切なものを選びなさい。
　①細菌
　②ウイルス
　③菌類（カビ）
　④センチュウ

バラ科のモモ、ウメなどの樹木を幼虫が加害し、樹木を衰弱させる害虫として、最も適切なものを選びなさい。

①　　　　　　②　　　　　　③　　　　　　④

17 □□□

農薬散布時の説明として、最も適切なものを選びなさい。
　①使用する農薬が周りの食用作物に登録がない場合でも使用可能である。
　②散布することを周りの栽培者にも伝え、農業者同士の連絡を密にする。
　③風の強さは飛散距離には関係がない。
　④ノズルの規格や散布圧力の考慮は必要ない。

18 □□□

土壌の酸性度を示す単位（指標）として、最も適切なものを選びなさい。
　① ppm
　② EC
　③ mS/cm
　④ pH

19 □□□

花芽分化の説明として、最も適切なものを選びなさい。
　①日長の明るい時間が長くなると花芽分化する植物を短日植物という。
　②日長の暗い時間が長くなると花芽分化する植物を短日植物という。
　③花芽分化はすべての作物で温度が低くなると起こる。
　④高温に一定期間さらされると開花するなどの現象を春化という。

20 ☐☐☐

ニワトリのロードアイランドレッド種の分類として、最も適切なものを選びなさい。
　①卵用種
　②卵肉兼用種
　③肉用種
　④観賞用種

21 ☐☐☐

ウシの品種として、最も適切なものを選びなさい。
　①ジャージー種
　②白色コーニッシュ種
　③ランドレース種
　④大ヨークシャー種

22 ☐☐☐

反すう胃をもつ動物として、最も適切なものを選びなさい。
　①ウマ
　②ブタ
　③ウシ
　④ニワトリ

23 ☐☐☐

家畜排せつ物の堆肥化の条件として、最も適切なものを選びなさい。
　①堆肥化に有効な微生物が存在していること。
　②無機物が十分にあること。
　③直射日光が十分に当たること。
　④排せつ物が完全に乾燥していること。

24 ☐☐☐

ダイズを原料とする加工品として、最も適切なものを選びなさい。
　①上新粉
　②白玉粉
　③きな粉
　④デュラム粉

25 □□□

トマト特有の赤系の主な色素として、最も適切なものを選びなさい。
①キサントフィル
②リコピン
③クロロフィル
④アントシアン

26 □□□

人のからだのエネルギー源となる栄養素の組み合わせとして、最も適切なものを選びなさい。
①糖質・脂質・タンパク質
②脂質・タンパク質・無機質
③糖質・脂質・ビタミン
④糖質・無機質・ビタミン

27 □□□

専業農家の説明として、最も適切なものを選びなさい。
①面積30a 以上または販売金額が年間50万円以上の農家。
②農家所得の50％以上が農業所得の農家。
③世帯員の中に農業以外に従事（年間30日以上）している者が１人もいない農家。
④世帯員の中に農業以外に従事（年間30日以上）している者が１人以上いる農家。

28 □□□

令和元年度における食料自給率（重量ベース）が高い品目として、最も適切なものを選びなさい。
①野菜
②豚肉
③果実
④牛肉

29 ☐☐☐

「6次産業」の説明として、最も適切なものを選びなさい。
  ①農産加工や直売事業は含めない、インバウンドや観光農業を取り込んだ経営のこと。
  ②第1次・第2次・第3次産業の次数を合計・かけあわせた数字が語源で、すべての分野を総合的にとらえ、付加価値等も含めて農林水産業を発展させようとするもの。
  ③第1次産業である農林水産業の所得を6倍にしようとする考え方。
  ④第3次産業の流通・販売を中心に据え、それに必要に応じて加工（第2次）と農業（第1次）との関連性をもたせていく考え方。

30 ☐☐☐

「農業協同組合」を示すものとして、最も適切なものを選びなさい。
  ① CO-OP
  ② GAP
  ③ JICA
  ④ JA

31 □□□

水田における水のはたらきとして、最も適切なものを選びなさい。
①養分や水分を供給する。
②雑草の発生を促進させる。
③肥料の効果をなくす。
④イネを水で冷やす。

32 □□□

イネの結実までの生育順として、最も適切なものを選びなさい。
①出芽　→　分げつ　　　→　幼穂分化　　→　出穂・開花
②出芽　→　幼穂分化　→　分げつ　　　→　出穂・開花
③出芽　→　幼穂分化　→　出穂・開花　→　分げつ
④出芽　→　分げつ　　　→　出穂・開花　→　幼穂分化

33 □□□

トウモロコシの雌穂として、正しいものを選びなさい。

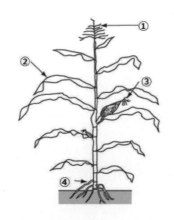

34 □□□

キュウリに関する説明として、最も適切なものを選びなさい。
　①キュウリの分類はアブラナ科、果菜類である。
　②キュウリの可食部果実は花の子房の部分が肥大したものである。
　③キュウリは根が深く成長するため苗も深植えする。
　④キュウリの着果は親づるだけで、子づる等には着果しない。

35 □□□

スイカをユウガオ台木に接ぎ木する目的として、最も適切なものを選びなさい。
　①害虫の被害を軽減するため。
　②スイカを肥大させるため。
　③つる割れ病の発生を防ぐため。
　④スイカとユウガオの中間の果実をつくるため。

36 □□□

写真の果樹の分類として、最も適切なものを選びなさい。
　①熱帯果樹
　②常緑果樹
　③高木性果樹
　④つる性果樹

37 □□□

写真は代表的な果樹の開花と新梢の写真である。この果樹の説明として、最も適切なものを選びなさい。

①常緑果樹である。
②熱帯果樹である。
③雌花と雄花が別々の樹にある雌雄異株である。
④生食だけでなく、ワインとしての利用も多い果樹である。

38 □□□

果樹における写真の作業の名称として、最も適切なものを選びなさい。

①芽接ぎ
②切り返し
③間引き
④枝接ぎ

39 □□□

　一般的に収穫後に追熟を行うことによって可食状態になる果樹として、最も適切なものを選びなさい。
　　①ウンシュウミカン
　　②カキ
　　③セイヨウナシ
　　④モモ

40 □□□

　秋まき一年草として、最も適切なものを選びなさい。
　　①ケイトウ
　　②マリーゴールド
　　③サルビア
　　④パンジー

41 □□□

　キクの特性として、最も適切なものを選びなさい。
　　①弱光線の環境を好む。
　　②品種と栽培技術により周年栽培が可能である。
　　③強アルカリ性の土を好む。
　　④秋ギクは長日植物である。

42 □□□

　一般的なさし芽の方法として、最も適切なものを選びなさい。
　　①さし穂の葉は、すべて取り除いてからさす。
　　②さし穂は、水を切って、少し乾かしてからさす。
　　③さし穂の切り口は、ハンマーなどでつぶしてからさす。
　　④さし穂は、肥料成分の少ない用土にさす。

43 □□□

　種皮が硬い種子（硬実種子）として、最も適切なものを選びなさい。
　　①ペチュニア
　　②スイートピー
　　③ナデシコ
　　④サルビア

44 □□□

種子の保存条件として、最も適切なものを選びなさい。
　①高温・多湿
　②低温・多湿
　③高温・乾燥
　④低温・乾燥

45 □□□

次の気象災害として、最も適切なものを選びなさい。

「夏季の低温や日照不足によって起こる。とくに北日本においてイネの被害が多い。」

　①凍霜害
　②干害
　③冷害
　④水害

46 □□□

ミズゴケなどが冷涼な地で長期間堆積してできた写真の用土の名称として、最も適切なものを選びなさい。
　①バーミキュライト
　②腐葉土
　③くん炭
　④ピートモス

第2021年度2回

47 □□□

写真の害虫が被害を与える植物の種類として、最も適切なものを選びなさい。
①ナス科
②イネ科
③ウリ科
④アブラナ科

48 □□□

地温上昇の抑制に効果のあるマルチングの資材として、最も適切なものを選びなさい。
①ポリエチレンフィルムの透明マルチ
②ポリエチレンフィルムの黒色マルチ
③不織布
④稲わら・麦わらマルチ

49 □□□

マメ科作物の根に関する特徴について、最も適切なものを選びなさい。
①マメ科作物の根に共生している根粒菌は、根粒が共生し、根粒菌が空気中の窒素を固定する。
②マメ科作物の根にある粒状のものは、根コブセンチュウによるものである。
③マメ科作物の根にある根粒は、ナス科など多くの野菜にも存在する。
④マメ科作物の根と共生している根粒菌は、空気中の酸素を土中に取り入れる。

写真の農業機械の名称として、最も適切なものを選びなさい。
　①コンバイン
　②バインダ
　③田植え機
　④乗用播種機

31 □□□

ニワトリの品種と用途の組み合わせとして、最も適切なものを選びなさい。
①白色レグホーン種　　　　　　—　　肉用種
②横はんプリマスロック種　　—　　卵肉兼用種
③名古屋種　　　　　　　　　　—　　卵用種
④白色プリマスロック種　　　　—　　卵肉兼用種

32 □□□

ニワトリとその飼育に関する記述として、最も適切なものを選びなさい。
①ニワトリは古い羽毛が抜けて新しい羽毛に置き換わる性質を持っており、
　日長時間が長くなると起こりやすくなる。
②ニワトリの繁殖機能は、光に影響を受けており、日長時間が短くなる秋か
　ら冬にかけて増進される。
③ニワトリの体温は39℃前後で安定しており、羽毛に覆われているが、汗腺
　が発達しているため暑さに強い。
④ニワトリを群飼育すると、互いをつつき合うことで順位付けを行う。本能
　的に強弱の順位をつけて集団としての秩序を保とうとするが、これをペッ
　クオーダーという。

下の図はニワトリの消化器である。（ア）～（エ）のうち筋胃の部位として、最も適切なものを選びなさい。

①ア
②イ
③ウ
④エ

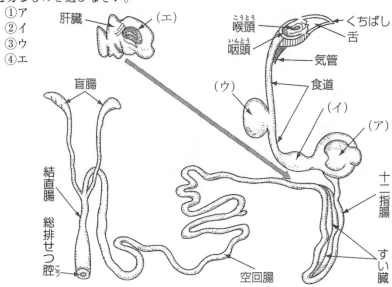

34 □□□

ふ卵中に検卵をする目的として、最も適切なものを選びなさい。
①ふ化期間を短縮し、生産効率を向上させるため。
②病原菌の増殖を予防し、病気の発生を抑えるため。
③無精卵や発育中止卵を発見し、取り除くため。
④発育中の胚が卵殻膜にゆ着するのを防ぐため。

35 □□□

ブロイラーに関する説明として、最も適切なものを選びなさい。
①飼育期間は約４週間である。
②と畜の際には頸動脈を切り、放血する。
③スモークチキンを製造する場合は、内臓を取り出さずに加工する。
④飼料は産卵鶏より栄養価の低いものを与える。

36 □□□

ブタの品種と原産国の組み合わせとして、最も適切なものを選びなさい。
①デュロック種　　　－　　スペイン
②バークシャー種　　－　　デンマーク
③ハンプシャー種　　－　　アメリカ合衆国
④中ヨークシャー種　－　　ドイツ

37 □□□

ブタの繁殖について、最も適切なものを選びなさい。
①発情期間は21日である。
②妊娠期間は280日である。
③ほ乳期間は60日である。
④初回交配は、おおむね12か月齢に行われる。

38 □□□

ブタの図に示した（A）の部位の名称として、最も適切なものを選びなさい。
①飛節
②管
③肘節
④つなぎ

(A)

第2回 2021年度

39 □□□

ほ乳子豚の管理として、最も適切なものを選びなさい。
①子豚は出生時に体内に多くの脂肪をため込んでおり、寒さには強いので保温は必要ない。
②子豚は移行抗体を体内に十分持っているため、初乳は必ずしも飲ませなくてよい。
③ほ乳子豚の成長が早いことと、母乳に鉄含有量が少ないことから、鉄剤を給与する。
④ほ乳中の子豚は、母豚からの乳を飲んでいるため、軟便や下痢をすることはない。

40 □□□

次の記述の特徴をもつウシの品種名として、最も適切なものを選びなさい。

「スイス原産の品種で、毛色は灰褐色から濃褐色まで色の幅がある。乳量は5,000kg 程度で、固形分含量が高く、チーズ生産に向いている。放牧主体で飼育されることが多い品種である。」

　①エアシャー種
　②ブラウンスイス種
　③ジャージー種
　④ホルスタイン種

41 □□□

次の説明文が示すホルモンとして、最も適切なものを選びなさい。

「乳頭の刺激によって下垂体後葉から分泌され、乳汁の放出を促す。」

　①オキシトシン
　②卵胞刺激ホルモン
　③エストロゲン
　④アドレナリン

42 □□□

搾乳に関する記述として、最も適切なものを選びなさい。
　①前搾りした乳汁中に凝固物があっても乳房炎の疑いはない。
　②搾乳の最後に、乳房炎を防止するために乳頭を乳汁に浸漬する。
　③前搾り後、消毒液に浸漬したタオルで乳頭を清拭、殺菌する。
　④乳頭をペーパータオルで乾燥させた後、前搾りを行う。

43 □□□

ウシの去勢に関する説明として、最も適切なものを選びなさい。
　①去勢は、と畜前のいつ行っても肉質に影響はない。
　②去勢は増体向上を目的に行われる。
　③去勢の方法には、挫滅式器具やゴムリングによる無血去勢法がある。
　④去勢を行うのは肉用種であり、一般的にホルスタイン種は去勢しない。

44 □□□

ウシの代謝障害であるケトーシスの主な原因として、最も適切なものを選びなさい。
　①カンテツがたん管に寄生し炎症を起こす。
　②腎臓などに結石が形成され障害を起こす。
　③血液中のカルシウムが急に減少する。
　④第1胃発酵が不良、乳量が多い等の時に糖の代謝が混乱する。

45 □□□

家畜伝染病予防法に基づく監視伝染病のうち、ウシの家畜伝染病（法定伝染病）に指定されているものとして、最も適切なものを選びなさい。
　①牛白血病
　②牛ウイルス性下痢・粘膜病
　③口蹄疫
　④アカバネ病

46 □□□

エコフィードの説明として、最も適切なものを選びなさい。
　①牧草類、穀類を栽培して茎葉とともに子実までサイレージとして利用する飼料。
　②食品残さを利用したもので、環境に配慮した飼料。
　③粗飼料と濃厚飼料・必要微量成分をすべて含む全混合飼料。
　④飼料と水を同時に供与する飼養法。

47 □□□

写真の飼料を給与する家畜として、最も適切なものを選びなさい。
　①ウシ
　②ヒツジ
　③ウマ
　④ニワトリ

48

次の記述の特徴をもつ牧草の名称として、最も適切なものを選びなさい。

「マメ科の多年草でタンパク質やミネラル含量が多く、嗜好性が優れるため"牧草の女王"とも呼ばれる。北海道から九州まで幅広く栽培されており、"ルーサン"ともいう。」

①チモシー
②シロクローバ
③イタリアンライグラス
④アルファルファ

アニマルセラピーについて、最も適切なものを選びなさい。
①アニマルセラピーには、動物・福祉に関する知識等を修得することは不要とされている。
②アニマルセラピーの歴史は浅く、対象となる動物は犬に限られている。
③高齢者や障がい者などは、ペットと触れ合うことにより精神的安定が図られるなどの効果が評価されている。
④アニマルセラピーは、日本だけに認められているものである。

写真の機械の使用用途として、最も適切なものを選びなさい。
①砕土
②堆肥散布
③播種
④鎮圧

第2021年度回

31 □□□

木綿豆腐の製造工程として、最も適切なものを選びなさい。
　①大豆→（浸漬）→（圧搾）→呉→（加熱）→（磨砕）→豆乳→（凝固）→（成型）
　②大豆→（浸漬）→（磨砕）→呉→（圧搾）→（加熱）→豆乳→（凝固）→（成型）
　③大豆→（浸漬）→（凝固）→呉→（磨砕）→（圧搾）→豆乳→（加熱）→（成型）
　④大豆→（浸漬）→（磨砕）→呉→（加熱）→（圧搾）→豆乳→（凝固）→（成型）

32 □□□

硬めに製造した豆腐を薄く切り、圧搾して水気を除いたのち、120℃の油で揚げ、次いで、180℃から200℃の油で揚げた製品として、最も適切なものを選びなさい。
　①ひりょうず
　②厚揚げ
　③がんもどき
　④油揚げ

33 □□□

加圧・加熱調理機で加熱殺菌した米飯として、最も適切なものを選びなさい。
　①α化米
　②無洗米
　③レトルト米飯
　④無菌包装米飯

34 □□□

微生物を利用して製造される発酵食品として、最も適切なものを選びなさい。
　①みそ
　②豆腐
　③スポンジケーキ
　④せんべい

35 □□□

加熱したサツマイモに多く含まれる二糖類の糖質として、最も適切なものを選びなさい。
　①ブドウ糖
　②ショ糖
　③麦芽糖
　④乳糖

36 □□□

光による食品の変質として、最も適切なものを選びなさい。
　①ホウレンソウのしおれ
　②ジャガイモの皮の緑化
　③タマネギの発芽
　④ピーマンの種子の褐変

37 □□□

0℃から5℃に保存した時、生理障害を起こさずに長く保存できる農産物として、最も適切なものを選びなさい。
　①ダイコン
　②キュウリ
　③サツマイモ
　④バナナ

38 □□□

一般的なソフトビスケットの製造で、生地の混合の工程において、一番初めにクリーム状に混合する原料として、最も適切なものを選びなさい。
　①小麦粉
　②鶏卵
　③塩類
　④油脂

39 □□□

スポンジケーキの製造時における鶏卵の加工特性として、最も適切なものを選びなさい。
 ①起泡性
 ②熱凝固性
 ③乳化性
 ④熱変性

40 □□□

牛乳の検査と主に使用する試薬や器具・機器の組み合わせとして、最も適切なものを選びなさい。
 ①比重の測定 ― 70％エタノール・換算表
 ②脂肪の測定 ― 濃硫酸・イソアミルアルコール
 ③酸度の測定 ― BTB試験紙・標準変色表
 ④pHの測定 ― 水酸化ナトリウム溶液・ビュレット

41 □□□

乳固形分15％以上、うち乳脂肪分8％以上の乳製品として、最も適切なものを選びなさい。
 ①アイスクリーム
 ②アイスミルク
 ③ラクトアイス
 ④氷菓

42 □□□

写真の器具で測定するものとして、最も適切なものを選びなさい。
　①牛乳の比重
　②牛乳の乳脂肪量
　③牛乳の酸度
　④牛乳の鮮度

43 □□□

　水溶性と脂溶性のものがあり微量でよいが、からだの働きを正常に保つために常に必要な栄養素として、最も適切なものを選びなさい。
　①炭水化物
　②脂質
　③タンパク質
　④ビタミン

44 □□□

　豆腐をつくるときにダイズを洗浄する水温と浸ける時間の組み合わせとして、最も適切なものを選びなさい。
　①水温 5 ℃、浸漬 3 時間
　②水温10℃、浸漬 5 時間
　③水温15℃、浸漬15時間
　④水温30℃、浸漬24時間

45 □□□

　ソーセージの製造工程中、多量の原料肉の表面に塩漬剤をすり込むときに使用する機器として、最も適切なものを選びなさい。
　①ミートチョッパー
　②サイレントカッター
　③ミートミキサー
　④エアスタッファー

46 □□□

単行複発酵で製造される酒類として、最も適切なものを選びなさい。
　①清酒
　②ワイン
　③ビール
　④リキュール

47 □□□

日本に分布する主な寄生虫のうち、イカ・サバの生食によって感染するものとして、最も適切なものを選びなさい。
　①回虫
　②アニサキス
　③サナダムシ
　④無鉤条虫

48 □□□

写真の道具はバターをつくる際、どのような操作をするときに使うか、最も適切なものを選びなさい。
　①チャーニング
　②ワーキング
　③水洗
　④エージング

49 □□□

農薬は、農作物を害虫や病原菌から保護し、収量を高めることを目的に使用されるが、残留農薬を規制する法律として、最も適切なものを選びなさい。
　①食品表示法
　②食品衛生法
　③JAS法
　④健康増進法

50 □□□

食品製造の現場で、災害ゼロ・不良品ゼロをめざし、従業員全員が参加して機械の保全を計画的に行い、生産効率を高める活動として、最も適切なものを選びなさい。

①5S活動
②GAP活動
③ISO活動
④TPM活動

31 □□□

次の製図の尺度についての説明として、最も適切なものを選びなさい。

「小形または複雑なものを拡大して描くこと。例えば50：1と表示する。」

①現尺
②縮尺
③倍尺
④曲尺

32 □□□

日本の国土に占める森林の割合として、最も適切なものを選びなさい。
①約3分の1
②約3分の2
③約4分の1
④約4分の2

33 □□□

森林の機能について、次の説明の（A）、（B）に入る語句の組み合わせとして、最も適切なものを選びなさい。

「森林の（A）が、降水を貯留し、河川へ流れ込む水量を一定化し、洪水を緩和するとともに川の流量を（B）させる機能をもっている。」

　　A　　　　B
①低木 ― 減少
②雑草 ― 変化
③植物 ― 増加
④土壌 ― 安定

34 □□□

測量作業の手順として、最も適切なものを選びなさい。
①踏査・選点 → 骨組測量 → 細部測量
②踏査・選点 → 細部測量 → 骨組測量
③骨組測量 → 踏査・選点 → 細部測量
④骨組測量 → 細部測量 → 踏査・選点

35 □□□

水準測量の誤差のうち、自然誤差として、最も適切なものを選びなさい。
①標尺の目盛りが正しくない。
②光の屈折による誤差。
③標尺が鉛直でない。
④視準線と気泡管軸が平行でない。

36 □□□

製図において図形の中心を表す線として、最も適切なものを選びなさい。
①太い実線
②細い実線
③太い一点鎖線
④細い一点鎖線

37 □□□

次の樹木のうち落葉針葉樹として、最も適切なものを選びなさい。
①スギ
②カラマツ
③シラカシ
④コナラ

次の説明に該当するものとして、最も適切なものを選びなさい。

「自然界のある場所に住む生物の群集と、それらを取り巻く環境とのあいだで相互作用が営まれている全体を一つのまとまりとしてとらえたもの。」

①遷移
②食物連鎖
③群落
④生態系

ある樹木の地面から1.2m の高さ（胸高）の外周が3.768m であった。この直径はいくらか、最も適切なものを選びなさい。

①約1.0m
②約1.1m
③約1.2m
④約1.3m

次に記述する森林の保育作業として、最も適切なものを選びなさい。

「経済価値の高い、節のない木材にするために、樹冠下部の下枝を付け根から切り取る作業。」

①間伐
②枝打ち
③下刈り
④つる切り

第2回2021年度

選択科目
（環境系）（造園）

※環境系の選択者は、造園、農業土木、林業のうち１分野を、選択して下さい（複数分野を選択すると不正解となります）。

41 ☐☐☐

春日灯籠などの石灯籠は、最初どのような場所に用いられていたか、最も適切なものを選びなさい。
　　①室内での照明
　　②屋外での照明
　　③神仏への奉納
　　④庭園での照明

42 ☐☐☐

詳細図の説明として、最も適切なものを選びなさい。
　　①構造物を垂直に切り、これを水平方向から見た形状を表現した図面。
　　②各種の施設や構造物の地上部の立面を描いた図面。
　　③設計者の意図を、より分かりやすく施工者に伝えるための図面。
　　④縮尺が１：50、１：30、１：20などで、各種施設の構造を詳しく表す図面。

43 ☐☐☐

次の庭園様式の説明として、最も適切なものを選びなさい。

「大規模な池を中心として、庭を巡りながら鑑賞するために園路を作り、茶亭・築山・橋などを配した庭園。」

　　①枯山水式庭園
　　②回遊式庭園
　　③露壇式庭園
　　④平面幾何学庭園

44 ☐☐☐

街区公園が分類される公園として、最も適切なものを選びなさい。
　　①住区基幹公園
　　②都市基幹公園
　　③特殊公園
　　④大規模公園

45 ☐☐☐

写真のAとBの樹木名の組み合わせとして、最も適切なものを選びなさい。

A

B

	A		B
①	アカマツ	―	コナラ
②	クヌギ	―	クロマツ
③	コナラ	―	クヌギ
④	クロマツ	―	アカマツ

46 ☐☐☐

樹木の根回しの方法として、最も適切なものを選びなさい。
　　①振るい掘り式
　　②溝掘り式・断根式
　　③凍土法
　　④水極め法

47 □□□

四ツ目垣の材料の一般的な竹材として、最も適切なものを選びなさい。
①マダケ
②モウソウチク
③ナリヒラダケ
④ホテイチク

48 □□□

樹木の繁殖方法の「さし木」の説明として、最も適切なものを選びなさい。
①開花までに、実生より時間がかかる。
②経費が高い場合が多い。
③技術的に難しい場合が多い。
④親と同様の花が咲く。

49 □□□

病害虫と発生しやすい樹木の組み合わせとして、最も適切なものを選びなさい。
①チャドクガ　―　ツツジ類
②チャドクガ　―　マツ類
③テングス病　―　サクラ類
④テングス病　―　ツバキ類

50 □□□

アメリカ合衆国は世界で最初に国立公園を制定した。それに関する説明として、最も適切なものを選びなさい。
①万民のために、後世まで保護する目的である。
②カリフォルニア州の広大な面積を制定した。
③1600年代に制定された。
④特定の人々が、たき火を楽しむ目的であった。

選択科目
（環境系）（農業土木）

※環境系の選択者は、造園、農業土木、林業のうち１分野を、選択して下さい（複数分野を選択すると不正解となります）。

41 □□□

次の昇降式野帳において、（A）（B）に当てはまる値の組み合わせとして、最も適切なものを選びなさい。

(単位：m)

測点	距離	後視	前視	高低差		地盤高
				昇（＋）	降（—）	
No.0		1.152				10.000
No.1	50.00	1.343	.1.043	0.109		10.109
No.2	60.00	1.987	1.459		0.116	（A）
No.3	70.00	1.186	1.031	0.956		（B）
No.4	55.00	1.241	0.942	0.244		11.193
No.5	65.00		1.024	0.217		11.410
計	300.00	6.909	5.499	1.526	0.116	

  （A）   （B）
① 9.884 — 10.840
② 9.884 — 10.956
③ 9.993 — 10.193
④ 9.993 — 10.949

42 □□□

アリダードの点検について、最も適切なものを選びなさい。
 ①前後視準板が定規底面に平行であること。
 ②気ほう管軸が基準線と直交であること。
 ③視準面が定規縁底面と平行であること。
 ④視準面が定規縁に平行であること。

次の記述に該当する特性として、最も適切なものを選びなさい。

「物体に引張力を加えると、引っ張った方向に伸びる。この伸びた量を変形量といい、元の長さに対する変形量の割合である。」

①応力
②ひずみ
③弾性
④モーメント

1辺が5cmの正方形断面の部材の先端に100Nの荷重が作用するときの応力として、最も適切なものを選びなさい。
① 4 N/cm^2
②500N・cm
③0.05N/cm
④2,500N・cm^2

ミティゲーションの5原則における「代償」の事例として、最も適切なものを選びなさい。
①湧き水などの条件が良く、繁殖も行われている生態系拠点は、現況のままにする。
②水辺の生物が生息可能な自然石および自然木を利用した護岸とする。
③落差工により水路ネットワークが分断されている状況に対して魚道を設置する。
④多様な生物が生息する湿地等を工事区以外に設置する。

フレッシュコンクリートの性質を表す用語とその説明に関する記述のうち、最も適切なものを選びなさい。
①コンシステンシー　　　…フレッシュコンクリートの変形あるいは流動に対する抵抗性。
②ワーカビリティー　　　…仕上げのしやすさを表す性質。
③フィニッシャビリティー…材料の分離に対する抵抗性を表す性質。
④プラスティシティー　　…フレッシュコンクリートの練混ぜ、運搬、打込み、締固めなどの作業のしやすさ。

次の図は河川堤防の断面を表している。ア～エの名称の組み合わせとして、最も適切なものを選びなさい。

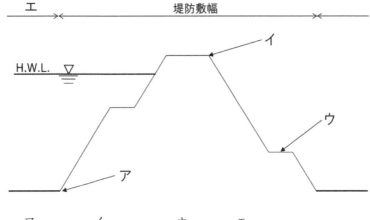

```
        ア            イ            ウ          エ
①裏のりじり ―  表小段    ― 犬走り ― 堤外地
②表のりじり ―  裏のり肩   ― 犬走り ― 堤外地
③表のり肩  ―  裏のりじり  ― 表小段 ― 堤内地
④裏のりじり ―  表のり肩   ― 犬走り ― 堤内地
```

48 □□□

第2021回度

土地改良工法に関する次の記述の工法として、最も適切なものを選びなさい。

「作物の根の伸長や下方からの水分や養分の供給を全く許さない土層、あるいは水分や養分の保持力が全くなく、作物の生産に障害となる土層を対象として、ほかの場所に集積したり、作土層下に深く埋め込む工法。」

①客土
②心土破砕
③不良土層排除
④混層耕

49 □□□

次の図のような断面の水路に1.6m³/s の流量で水が流れているときの流速として、正しいものを選びなさい。

①6.4m/s
②3.2m/s
③0.8m/s
④0.2m/s

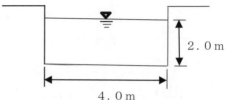

50 □□□

土粒子の分類について、粒径の大きさによる並び順として、最も適切なものを選びなさい。

①シルト ＜ 粘土 ＜ 礫 ＜ 砂
②シルト ＜ 粘土 ＜ 砂 ＜ 礫
③粘土 ＜ シルト ＜ 礫 ＜ 砂
④粘土 ＜ シルト ＜ 砂 ＜ 礫

※環境系の選択者は、造園、農業土木、林業のうち１分野を、選択して下さい（複数分野を選択すると不正解となります）。

41 □□□

森林の役割のうち、次の記述に該当するものとして、最も適切なものを選びなさい。

「森林の樹木の根が土砂や岩石をしっかりつかんで、斜面の土砂がくずれるのを防ぐ。」

①土砂崩壊防止
②地球温暖化防止
③土砂流出防止
④水資源かん養

42 □□□

森林の植生と代表的な樹木の組み合わせとして、最も適切なものを選びなさい。
①亜熱帯林　－　ミズナラ
②暖温帯林　－　シラカシ
③冷温帯林　－　トドマツ
④亜寒帯林　－　ブナ

43 □□□

ヒノキに関する説明として、最も適切なものを選びなさい。
①材は木炭の原料やシイタケ原木に用いられる。
②比較的標高の高い土地に生育し、冬には落葉する針葉樹である。
③日本の固有種であり、主に建築用材に用いられる。
④耐久性に優れ、古くから高級な建築用材として、寺院や神社の建築にも用いられている。

44 □□□

萌芽更新が可能な樹種として、最も適切なものを選びなさい。
①スギ
②アカマツ
③カラマツ
④コナラ

45 □□□

「一次林」の説明として、最も適切なものを選びなさい。
①山火事などで一度消失した後に再生した森林。
②伐採などの人間活動の結果でき上がった森林。
③天然林など人の手がほとんど入っていない森林。
④スギやヒノキなどを植栽した森林。

46 □□□

森林の更新と保育に関する説明として、最も適切なものを選びなさい。
①森林の保続には、伐採後に植林するなど森林を再生する必要がある。
②保育作業としては、皆伐や玉切りなどがある。
③植栽後のスギなどの苗をシカなどの動物は好まず、食べたりしない。
④下刈りとは、不要な樹種や生育不良な植栽木を伐倒、除去することである。

47 □□□

図の「高性能林業機械」の名称として、最も適切なものを選びなさい。
①スイングヤーダ
②フォワーダ
③プロセッサ
④ハーベスタ

□□□

伐採に関する次の記述の名称として、最も適切なものを選びなさい。

「伐倒方向の反対側からチェーンソー等で切り込んでいく。」

①つる
②追い口
③受け口
④くさび

49 □□□

木材（丸太）の材積測定方法に関する次の記述の名称として、最も適切なものを選びなさい。

「末口直径の二乗に長さをかけた式で、計算が最も容易で、古くから利用され、現在でも木材取引に広く利用されている方法。」

①フーベル式
②スマリアン式
③リーケ式
④末口自乗法（末口二乗法）

50 □□□

写真の測定器具の名称と測定部位の組み合わせとして、最も適切なものを選びなさい。

①ブルーメライス　－　樹高
②測竿
（そっかん）　－　樹高
③輪尺　　　　　　－　胸高直径
④トランシット　　－　距離

2020年度　第2回（12月12日実施）

日本農業技術検定　3級　試験問題

※2020年度は第1回（7月11日予定）検定が中止のため第2回のみの掲載となります。

◎受験にあたっては、試験官の指示に従って下さい。
　指示があるまで、問題用紙をめくらないで下さい。
◎受験者氏名、受験番号、選択科目の記入を忘れないで下さい。
◎問題は全部で50問あります。1～30が農業基礎、31～50が選択科目です。
◎選択科目は4科目のなかから1科目だけ選び、解答用紙に選択した科目をマークして下さい。選択科目のマークが未記入の場合には、得点となりません。
　環境系の41～50は造園、農業土木、林業から更に1つ選んで下さい。
　選択科目のマークが未記入の場合には、得点となりません。
◎すべての問題において正答は1つです。1つだけマークして下さい。
　2つ以上マークした場合には、得点となりません。
◎総解答数は、どの選択科目とも50問です。それ以上解答しないで下さい。
◎試験時間は40分です（名前や受験番号の記入時間を除く）。

【選択科目】

栽培系	p.192～197
畜産系	p.198～203
食品系	p.204～209
環境系	p.210～223

解答一覧は、「解答・解説編」（別冊）の6ページにあります。

日付			
点数			

1 □□□

「発芽の3条件」として、最も適切なものを選びなさい。
 ①水・温度・光
 ②水・光・酸素
 ③水・温度・酸素
 ④光・温度・酸素

2 □□□

 作物の種子には胚乳に栄養分を蓄えた有胚乳種子と、胚乳が退化して子葉に養分を蓄える無胚乳種子がある。無胚乳種子として、最も適切なものを選びなさい。
 ①ダイズ
 ②トマト
 ③トウモロコシ
 ④イネ

3 □□□

長日植物として、最も適切なものを選びなさい。
 ①キク
 ②イチゴ
 ③バラ
 ④ホウレンソウ

4 □□□

 土の団粒構造の形成を促進するための方法として、最も適切なものを選びなさい。
 ①化成肥料を施す。
 ②堆肥を入れる。
 ③除草剤を散布する。
 ④同じ畑で同じ作物を続けて栽培する。

5 □□□

次の用土のうち、固相の割合が最も大きいものとして、適切なものを選びなさい。
①鹿沼土
②砂土
③田土
④腐葉土

6 □□□

肥料の袋に「3-10-10」と表示があった。この表示の示すものとして、最も適切なものを選びなさい。
①窒素3 kg、リン酸10kg、カリ10kg
②窒素3 kg、リン酸10kg、カルシウム10kg
③窒素3 %、リン酸10%、カリ10%
④窒素3 %、リン酸10%、カルシウム10%

7 □□□

酸性土壌に弱い野菜として、最も適切なものを選びなさい。
①ホウレンソウ
②サツマイモ
③スイカ
④イチゴ

8 □□□

酸性土壌を改良する方法として、最も適切なものを選びなさい。
①土壌消毒を行う。
②石灰資材（苦土石灰等）を施用する。
③かん水を行う。
④硫黄粉末を施用する。

9 □□□

夏季に気温が異常に低かったり、日照が極端に少なかったりするために生じる気象災害の名称として、最も適切なものを選びなさい。
①干害
②寒害
③凍害
④冷害

10 □□□

ナス科の野菜として、最も適切なものを選びなさい。
　①キュウリ
　②ハクサイ
　③ニンジン
　④トマト

11 □□□

球根類の草花として、最も適切なものを選びなさい。
　①キク
　②カーネーション
　③ユリ
　④アジサイ

12 □□□

雌雄異花の作物として、最も適切なものを選びなさい。
　①キュウリ
　②トマト
　③イネ
　④ナス

13 □□□

ハウス温室で栽培するイチゴの受粉に利用されている訪花昆虫として、最も適切なものを選びなさい。
　①アシナガバチ
　②ヒラタアブ
　③セイヨウミツバチ
　④テントウムシ

14 □□□

卵肉兼用種のニワトリの品種として、最も適切なものを選びなさい。
　①白色レグホーン種
　②白色コーニッシュ種
　③白色プリマスロック種
　④ロードアイランドレッド種

15 □□□

周年繁殖動物の家畜として、最も適切なものを選びなさい。
①ヒツジ
②ヤギ
③ブタ
④ウマ

16 □□□

ニワトリのふ化に関する説明文で、（　）欄に入る言葉の組み合わせとして、最も適切なものを選びなさい。

「ふ化を目的とした（　ア　）は、およそ37.8〜38℃で温められると約（　イ　）日間でヒナになる。」

	ア	イ
①	種卵	21
②	有精卵	13
③	無精卵	21
④	有精卵	63

17 □□□

ウシの説明として、最も適切なものを選びなさい。
①ブタと同じ雑食性である。
②成牛になると雌牛は約21日ごとに発情を繰り返す。
③単胃であり、反すうを行う動物である。
④ウシは全て同じで、肉用牛と乳用牛の区分はない。

写真の害虫の加害様式として、最も適切なものを選びなさい。
　①食害
　②虫こぶの形成
　③吸汁害
　④茎内に食入

写真の水田雑草の名称として、最も適切なものを選びなさい。
　①メヒシバ
　②オヒシバ
　③カヤツリグサ
　④コナギ

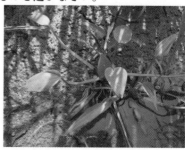

マメ科作物の根に共生する微生物として、最も適切なものを選びなさい。
　①納豆菌
　②根粒菌
　③こうじかび
　④酵母

第2回 2020年度

21 ☐☐☐

玄米が精米工程により削り取られる部分の名称として、最も適切なものを選びなさい。
　　①籾がら
　　②ふすま
　　③ぬか
　　④米粉

22 ☐☐☐

消化によってアミノ酸にまで分解され、筋肉や皮膚・血液・酵素に再構成される栄養素として、最も適切なものを選びなさい。
　　①糖質
　　②タンパク質
　　③脂質
　　④無機塩類

23 ☐☐☐

発酵食品でない食品として、最も適切なものを選びなさい。
　　①納豆
　　②味噌
　　③ヨーグルト
　　④豆腐

24 ☐☐☐

農業所得を求める計算式の（　　）に入る語句として、最も適切なものを選びなさい。

農業所得 ＝ （　　） ― 農業経営費

　　①家族労働報酬
　　②当期純利益
　　③農業粗収益
　　④売上総利益

25 □□□

近年のわが国の自給率が最も低い品目として、適切なものを選びなさい。
　①豆類
　②米
　③砂糖類
　④鶏卵

26 □□□

農業経営を行う際に、関係する法律に則した点検項目について、実施・記録・点検・評価し、持続的な改善活動を行うことを前提とした仕組みとして、最も適切なものを選びなさい。
　① GAP
　② GDP
　③ GUP
　④ GNP

27 □□□

美しい農村景観を楽しむだけでなく、農家に長期間滞在して農業体験など農村の自然・文化・人々との交流を楽しむ余暇活動として、最も適切なものを選びなさい。
　①ガーデニング
　②市民農園
　③グリーン・ツーリズム
　④定年帰農

28 □□□

「スマート農業」の説明として、最も適切なものを選びなさい。
　①再生可能エネルギーを活用した農業
　②農福連携による農業
　③環境保全に配慮した農業
　④ロボット、AI などの先端技術を導入した農業

第2回 2020年度

29

面積10a は何㎡か、最も適切なものを選びなさい。
　①10,000㎡
　②1,000㎡
　③100㎡
　④10㎡

30 □□□

写真の機械の名称として、最も適切なものを選びなさい。
　①田植え機
　②コンバイン
　③バインダ
　④ディスクハロー

第2回 2020年度

選択科目（栽培系）

31 ☐☐☐

種もみの構造を示した下図のうち、胚乳として最も適切なものを選びなさい。

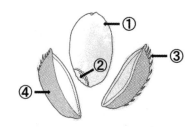

32 ☐☐☐

ジャガイモの記述として、最も適切なものを選びなさい。
①マメ科の作物で、地下部のストロン（ふく枝）の先端が肥大して塊状になった根を食用とする。
②収穫後、成長を停止した状態になって休眠し、それ以降は芽が出ることはない。
③栽培期間が短く、寒冷地でも比較的安定した収量が得られる救荒作物である。
④ジャワ原産の作物で暖かい気候に適し、やせた土地でも栽培できる。

33 ☐☐☐

生食用、缶詰用に利用されるトウモロコシとして、最も適切なものを選びなさい。
①スイートコーン（甘味種）
②ポップコーン（爆裂種）
③フリントコーン（硬粒種）
④デントコーン（馬歯種）

第2回 2020年度

34 □□□

イネの葉の形態を表した図のうち、葉身として最も適切なものを選びなさい。

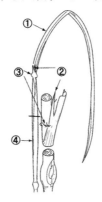

35 □□□

水稲における「中干し」の説明として、最も適切なものを選びなさい。
　①田植え直後に活着をよくするため、浅水にする。
　②土に酸素を入れ、根の健全化と無効分げつを抑えるために水を落とす。
　③幼穂分化をさせるために、落水とかんがいを繰り返す。
　④田面を乾かし、収穫時の機械作業を円滑にするために水を落とす。

36 □□□

トウモロコシの F_1 ハイブリッドについて、最も適切なものを選びなさい。
　① F_1 ハイブリッドは両親よりも生育が旺盛で収量や品質がよい。
　② F_1 ハイブリッドで得た形質は、その後の2代、3代へと継続される。
　③ F_1 ハイブリッドはメンデルの法則とは関係ない。
　④トウモロコシには F_1 品種の利用はない。

37 □□□

スイカの「つるぼけ」の原因として、最も適切なものを選びなさい。
　①高温、多湿
　②低温、日照不足
　③土壌の乾燥
　④窒素成分の過多

38 □□□

　トマトは第1花房をつけた後、何枚の葉が出た後に次の花房をつけるか、最も適切なものを選びなさい。
　　①1枚
　　②3枚
　　③4枚
　　④5枚

39 □□□

ハクサイの収穫適期の見分け方として、最も適切なものを選びなさい。
　　①結球の頭部を押さえ、硬くしまっているもの。
　　②結球部の全体を押さえ、柔らかな感じのするもの。
　　③結球の外葉の色を見て、緑色から黄色に変わってきたもの。
　　④結球の大きさを見て、大きいものから順に。

40 □□□

ダイコンの岐根のおもな発生原因として、最も適切なものを選びなさい。
　　①肥料不足
　　②土壌の乾燥
　　③土壌の団粒構造の発達
　　④未熟堆肥の直前施用

41 □□□

さし芽で増殖する草花として、最も適切なものを選びなさい。
　　①キク
　　②プリムラ
　　③パンジー
　　④スイセン

第2回　2020年度

42

次の写真の中から、ペチュニアを選びなさい。

①　　　　　　　　　　　②

③　　　　　　　　　　　④

43 □□□

写真の種子の草花名として、最も適切なものを選びなさい。
　　①パンジー
　　②スイートピー
　　③マリーゴールド
　　④ヒマワリ

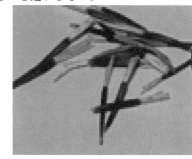

第2回 2020年度

44 □□□

チューリップの球根として、最も適切なものを選びなさい。

① ② ③ ④

45 □□□

ベゴニアなどの微細粒種子を育苗箱に播いた時、底面給水する理由として、最も適切なものを選びなさい。
　①明発芽種子のため。
　②種子のある部分の土が加湿にならないようにするため。
　③微細粒種子がかん水と共に土の中に入っていかないようにするため。
　④播いた種子が水で流れ出ないようにするため。

46 □□□

次の草花のうち、初夏の花壇に向くものとして、最も適切なものを選びなさい。

① ② ③ ④

ハボタン　　　サイネリア　　　ベゴニア・　　　シクラメン
　　　　　　　　　　　　　　　センパフローレンス

47 □□□

一般にハサミを使用せずに収穫するものとして、最も適切なものを選びなさい。
　①ウンシュウミカン
　②ナシ
　③カキ
　④ブドウ

48 □□□

　写真はカンキツの苗木を作る作業の様子である。このような繁殖方法の名称として、最も適切なものを選びなさい。
　　①さし木
　　②株分け
　　③取り木
　　④接ぎ木

49 □□□

　果樹の苗木生産における実生（みしょう）繁殖法とは何か、最も適切なものを選びなさい。
　　①接ぎ木による繁殖法
　　②ウイルスフリー苗の利用法
　　③種子から繁殖させる方法
　　④さし木による繁殖法

50 □□□

　写真の幼虫によって被害を受ける作物の科名として、最も適切なものを選びなさい。
　　①ナス科
　　②ウリ科
　　③アブラナ科
　　④イネ科

第2回　2020年度

選択科目（畜産系）

31 □□□

ニワトリの消化器系で胃酸を分泌する器官として、最も適切なものを選びなさい。
- ①筋胃
- ②腺胃
- ③胆のう
- ④そのう

32 □□□

多産鶏の特徴として、最も適切なものを選びなさい。
- ①とさかが白っぽく縮んでいる。
- ②総排せつ腔が小さく締まり乾いている。
- ③くちばしや耳だなどに黄色の色素が沈着している。
- ④ち骨と胸骨の間隔が広く、総排せつ腔が湿っている。

33 □□□

ニワトリの飼育方法として、最も適切なものを選びなさい。
- ①4週齢までは温度管理が必要である。
- ②飼育する方法は、放牧と平飼いの2つに分けられる。
- ③経済寿命が短いため、予防接種は行わない。
- ④バタリー飼育の場合は、飼育密度に配慮する必要がない。

34 □□□

卵の鮮度を示す指標として、卵重と卵白の高さを測定して表される数値を何というか、最も適切なものを選びなさい。
- ①卵白係数
- ②ハウユニット
- ③平均卵重
- ④卵黄係数

35 □□□

　写真の器具を用いてニワトリのくちばしの先端を焼き、伸長しないようにすることを何というか、最も適切なものを選びなさい。
　　①ワクチン接種
　　②カンニバリズム
　　③デビーク
　　④ペックオーダー

36 □□□

ワクチン接種が有効なニワトリの病気として、最も適切なものを選びなさい。
　　①マイコプラズマ感染症
　　②ニューカッスル病
　　③鶏コクシジウム症
　　④乳房炎

37 □□□

ブタの品種の中型種として、最も適切なものを選びなさい。
　　①バークシャー種
　　②ランドレース種
　　③デュロック種
　　④大ヨークシャー種

38 □□□

ブタの図の（ア）の測定部位の名称として、最も適切なものを選びなさい。
　　①体高
　　②胸深
　　③後幅
　　④体長

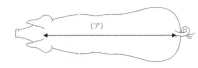

第2回 2020年度

39 ☐☐☐

次の説明の［A］［B］に入る言葉の組み合わせとして、最も適切なものを選びなさい。

「1 kgの体重増加に要した飼料の量（kg）の割合を［　　A　　］といい、その逆数の1 kgの飼料でどれだけ体重(kg)が増加したかの割合を［　　B　　］という。」

	A	B
①	飼料効率	飼料要求率
②	必要飼料量	平均増体量
③	飼料要求率	飼料効率
④	体重増加量	平均増体量

40 ☐☐☐

日本における家畜の飼育形態と飼育法の説明として、最も適切なものを選びなさい。
①ウシのつなぎ飼いは、土地利用型畜産である。
②開放型畜舎では、年間を通して一定した環境で家畜を飼育することができる。
③無窓型畜舎は、伝染性の病気に感染しても急速に伝染するのを防ぐことができる。
④日本は農地面積が小さいため、施設利用型畜産が盛んである。

41 ☐☐☐

家畜の粗飼料として、最も適切なものを選びなさい。
①コムギ
②牧草
③ふすま
④ダイズ粕

42 ☐☐☐

家畜の伝染病について、最も適切なものを選びなさい。
①家畜法定伝染病は、人と家畜が共通してかかる感染症のことである。
②家畜法定伝染病が発生した場合は、1か月程度様子を見てから報告する。
③家畜法定伝染病には、鶏痘や伝染性気管支炎などがある。
④家畜法定伝染病と届出伝染病を合わせて監視伝染病という。

43 □□□

写真の器具の使用用途として、最も適切なものを選びなさい。

　①除角
　②去勢
　③削蹄
　④断尾

44 □□□

写真の機械の使用用途として、最も適切なものを選びなさい。
　①牧草の乾燥
　②牧草の梱包
　③ラップサイレージ調製
　④サイレージの集草

45 □□□

　鶏卵の加工特性を利用した加工品の加工特性（A）と加工品（B）の組み合わせとして、最も適切なものを選びなさい。

　　　　（A）　－　（B）
　①熱凝固性－卵焼き
　②乳化性　－ゆで卵
　③乳化性　－スポンジケーキ
　④起泡性　－マヨネーズ

46 □□□

写真の乳牛の品種名として、最も適切なものを選びなさい。
① ガンジー種
② エアシャー種
③ ブラウンスイス種
④ ジャージー種

47 □□□

写真の機械の名称として、最も適切なものを選びなさい。
① 集乳車
② ディッピング
③ ミルカー
④ バルククーラ

48 □□□

ウシの乳生産の説明として、最も適切なものを選びなさい。
① 雌牛は、発情が来ると乳分泌が始まる。
② 1 Lの乳を生産するためには、乳房の中を約400〜500Lの血液が循環する必要がある。
③ 搾乳中にストレスを与えるとオキシトシンというホルモンが分泌され、乳量が減少する。
④ 搾乳は1日4回、6時間間隔で行うのが一般的である。

写真の牛の部位Aの名称として、最も適切なものを選びなさい。
　①肩端
　②寛
　③乳動脈
　④飛節

　飼育羽数315羽（うち雄鶏15羽）で、1日に174個の産卵があった。この時の産卵率として、最も適切なものを選びなさい。
　①52％
　②55％
　③58％
　④61％

選択科目（食品系）

---

31 □□□

　食品が備えるべき特性の中でエネルギー補給・体機能調節に必要なものとして、最も適切なものを選びなさい。
　　①形状・香り
　　②重金属・異物
　　③糖質・ビタミン
　　④味・テクスチャー

---

32 □□□

　マーガリンの特徴として、最も適切なものを選びなさい。
　　①発酵させた牛乳でつくられている。
　　②植物油を硬化し、乳成分等を添加してつくられている。
　　③動物性油脂100％でできている。
　　④油脂含有率は80％未満に抑えられている。

---

33 □□□

　空気中の酸素を減らし炭酸ガスを増やすなど、空気の組成を変えて青果物を貯蔵する方法として、最も適切なものを選びなさい。
　　①冷却貯蔵
　　②冷凍貯蔵
　　③CA貯蔵
　　④氷温貯蔵

34 □□□

乾燥による食品の保存の説明として、最も適切なものを選びなさい。
①空気乾燥は、食品に加熱・乾燥した空気を食品にあて、水分を蒸発させる方法である。
②乾燥により、食品の水分活性は高くなる。
③食品中の水分のうち、結合水は乾燥によってたやすく除かれる。
④食品を乾燥させることで、脂肪の酸化を防ぐことができる。

35 □□□

食中毒に関する説明として、最も適切なものを選びなさい。
①毒素型食中毒には、カンピロバクターによるものがある。
②感染型食中毒には、サルモネラ菌によるものがある。
③黄色ブドウ球菌は、テトロドトキシンという毒性物質を生産する。
④腸炎ビブリオ菌は、3～4％の食塩水中でよく発育する毒素型食中毒菌である。

36 □□□

軽量で加工しやすく、食品の成分と反応しない長所とともに、分解しにくく再利用しにくい欠点がある包装材料として、最も適切なものを選びなさい。
①ガラス
②金属
③紙
④プラスチック

37 □□□

食パンの製造での直ごね法と中種法を比較した説明として、最も適切なものを選びなさい。
①中種法は直ごね法に比べ、デンプンの老化が遅い。
②中種法は直ごね法に比べ、発酵時間が短く、原料の風味が出る。
③直ごね法は中種法に比べ、機械耐性があり、大規模生産に向いている。
④直ごね法は中種法に比べ、発酵時間が長い。

うどん類を太さで分類したときに最も細い麺として、適切なものを選びなさい。
①うどん
②ひやむぎ
③そうめん
④きしめん

写真の豆類に最も多く含まれる成分として、適切なものを選びなさい。
①炭水化物
②脂質
③タンパク質
④ビタミン

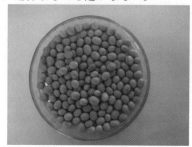

豆腐の凝固剤として使用できる食品添加物として、最も適切なものを選びなさい。
①水酸化ナトリウム
②硫酸銅
③硫酸カリウム
④硫酸カルシウム

グルコマンナンが主成分の加工品として、最も適切なものを選びなさい。
①ポテトチップ
②しらたき
③いも焼ちゅう
④わらび餅

第2回 2020年度

42 □□□

漬け物の特徴として、最も適切なものを選びなさい。
　①野菜の細胞内の酵素による自己消化により、野菜特有の青臭さやあくが増える。
　②野菜表面にある酪酸菌や酵母の発酵作用により、有機酸やエタノールが減る。
　③野菜を食塩水に漬けると、浸透圧の差によって水分が細胞内に蓄積する。
　④野菜の細胞が脱水され、原形質分離を起こし、野菜が柔軟になる。

43 □□□

日本で最も多く生産されているジャムとして、適切なものを選びなさい。
　①ブルーベリー
　②リンゴ
　③マーマレード
　④イチゴ

44 □□□

香辛料の「ローレル」の説明として、最も適切なものを選びなさい。
　①月桂樹とも呼ばれ、クスノキ科の葉
　②ニクズク科のニクズクの種子から種皮を除いた部分
　③アブラナ科のカラシナの種子
　④ショウガ科の多年草のウコン

45 □□□

豚の肩肉、ロース肉又はもも肉を整形し、塩漬けし、ケーシング等で包装した後、低温でくん煙し、又はくん煙しないで乾燥したハム（ボイルしない）として、最も適切なものを選びなさい。
　①ボンレスハム
　②ラックスハム
　③ショルダーハム
　④ロースハム

46 □□□

くん煙に多く用いられる木材として、最も適切なものを選びなさい。
①サクラ
②ヒノキ
③モミジ
④マツ

47 □□□

２Ｌのミックスから３Ｌのアイスクリームができたときのオーバーラン（％）
として、最も適切なものを選びなさい。
①40％
②50％
③55％
④60％

48 □□□

バターに関する説明として、最も適切なものを選びなさい。
①バターの黄色は、牧草中に含まれているカロテノイドと呼ばれる水溶性色
　素である。
②バターは水中油滴型で乳化している。
③バターと表示されるのは、脂肪分約75％以上、水分約20％以下と定められ
　ている。
④バターは、クリームをかくはんし、生じた脂肪粒を集めて固め練り上げた
　ものである。

49 □□□

鶏卵を65℃の湯中で60分間保温したときの卵白と卵黄の状態の組み合わせとし
て、最も適切なものを選びなさい。
①卵白：凝固しない　－　卵黄：凝固しない
②卵白：凝固しない　－　卵黄：わずかに凝固する
③卵白：凝固する　　－　卵黄：わずかに凝固する
④卵白：凝固する　　－　卵黄：凝固する

第2020年度2回

50 □□□

しょうゆ製造において、発酵熟成させたもろみを圧搾装置でろ過した液体の名称として、最も適切なものを選びなさい。

①白しょうゆ
②たまりしょうゆ
③生揚げしょうゆ
④薄口しょうゆ

31 □□□

次の図面の中心線に用いる線の名称として、最も適切なものを選びなさい。

――――――――――――・―――――

①太い実線
②細い実線
③細い一点鎖線
④細い二点鎖線

32 □□□

縮尺100分の1の設計図では、図上1cmの長さは実際にはいくらか、最も適切なものを選びなさい。
①10cm
②15cm
③100cm
④150cm

第2回 2020年度

33 □□□

写真の製図用具の名称として、最も適切なものを選びなさい。
　①テンプレート
　②コンパス
　③スプリングコンパス
　④ディバイダ

34 □□□

　平板測量において、測点より地形や地物を測定する細部測量として、最も適切
なものを選びなさい。
　①スタジア法
　②交会法
　③道線法
　④放射法

35 □□□

　水準測量で次の意味として、最も適切なものを選びなさい。

「　BM　」

　①もりかえ点
　②水準点
　③未知点
　④中間点

36 □□□

森林の多面的機能として「フィトンチッド」(樹木から発散される殺菌性のある芳香性物質) と関係のあるものとして、最も適切なものを選びなさい。
　①水源かんよう機能
　②国土保全機能
　③地球温暖化防止機能
　④保健・レクリエーション機能

37 □□□

写真の森林の名称として、最も適切なものを選びなさい。
　①スギの人工林
　②アカマツの天然林
　③クヌギの人工林
　④コナラの天然林

38 □□□

次のうち、針葉樹として、最も適切なものを選びなさい。
　①コナラ
　②クヌギ
　③ブナ
　④カラマツ

39 □□□

日本の森林面積の割合として、最も適切なものを選びなさい。
　①国土の約3分の2
　②国土の約2分の1
　③国土の約3分の1
　④国土の約4分の1

第2回 2020年度

写真の機械の名称と、この機械を使用した林業の作業の組み合わせとして、最も適切なものを選びなさい。

①枝打ち機　　　－　　枝打ち
②チェーンソー　－　　伐採
③刈払機　　　　－　　下刈り
④玉切り機　　　－　　玉切り

選択科目
（環境系）（造園）

※環境系の選択者は、造園、農業土木、林業のうち1分野を、選択して下さい（複数分野を選択すると不正解となります）。

41 □□□

写真の灯籠の最下段の名称として、最も適切なものを選びなさい。
①宝珠
②火袋
③中台
④基礎

42 □□□

写真の病害の名称として、最も適切なものを選びなさい。
①チャドクガ
②赤星病
③てんぐす病
④うどん粉病

43 □□□

写真の樹木名として、最も適切なものを選びなさい。
①イロハカエデ
②ウバメガシ
③ツバキ
④スギ

44 □□□

写真の四ツ目垣の柱の名称として、最も適切なものを選びなさい。
①床柱
②親柱
③胴柱
④間柱

45 □□□

回遊式庭園の説明として、最も適切なものを選びなさい。
①枯山水式庭園ともいい長方形の庭園
②花木を多く用いた正方形の庭園
③茶室に至るまでの庭園
④大名庭園ともいい広い庭園

アメリカのニューヨーク市にある有名な公園として、最も適切なものを選びなさい。
①セントラルパーク
②ハイドパーク
③クラインガルテン
④ブローニュの森

透視図の説明として、最も適切なものを選びなさい。
①各種施設構造を詳しく示す図面
②構造物を垂直に切り、水平方向から見た図面
③完成予想図として一般の人々にもわかりやすい図面
④地上部の立面を描いた図面

都市公園法による次の公園として、最も適切なものを選びなさい。

「一か所当たり面積0.25ヘクタールを標準として配置する。」

①運動公園
②地区公園
③近隣公園
④街区公園

樹木の繁殖方法の説明として、最も適切なものを選びなさい。
①株分け・・・播種により繁殖させる方法。
②さし木・・・同一品種を増やすような場合に一般的な方法。
③取り木・・・バイオテクノロジーの技術を用いて大量生産する方法。
④実生・・・・生育している樹木を分割して増殖する方法。

第2回 2020年度 第2

50 □□□

次の樹木支柱の名称として、最も適切なものを選びなさい。

①八つ掛け
②布掛け
③鳥居形
④添木

(写真)

(図)

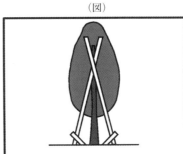

2020年度 第2回

※環境系の選択者は、造園、農業土木、林業のうち１分野を、選択して下さい（複数分野を選択すると不正解となります）。

41 □□□

土地改良法の「心土破壊」の説明として、最も適切なものを選びなさい。
　①硬くしまった土層に亀裂を入れ膨軟にし、透水性と通気性を改善する。
　②ほ場の土を運び出し、新たに良い状態の土と入れ替え、作土厚の増加、作土の理化学性の改良を図る。
　③表土にある障害となっている石を取り除き、生育環境の改善と農業機械の作業性の向上を図る。
　④作物の生産に障害となる土層を対象として、他の場所に集積したり、作土層下に深く埋め込む工法。

42 □□□

土地改良の方法とその説明として、最も適切なものを選びなさい。
　①不良層排除・・・下層土に肥沃な土層がある場合に、耕起、混和、反転などを行い、作土の改良を図る。
　②除礫・・・・・表土にある障害となっている石を取り除き、生育環境の改善と農業機械の作業性の向上を図る。
　③混層耕・・・・ほ場の土を運び出し、新に良い状態の土と入れ替え、作土厚の増加、作土の理化学性の改良を図る。
　④客土・・・・・作物の生産に障害となる土層を対象として、他の場所に集積したり、作土層下に深く埋め込む。

43 □□□

「開発に伴う環境・生態系への影響を緩和する手段」の意味で使われている用語として、最も適切なものを選びなさい。
　①マスタープラン
　②ビオトープネットワーク
　③プロジェクト
　④ミティゲーション

44 □□□

ミティゲーションの5原則における「回避」にあたる事例として、最も適切なものを選びなさい。
①魚が遡上できる落差工を設置する。
②動物の移動経路を確保するため、暗きょ等を設置する。
③生態系拠点を避けて道路線形の計画をする。
④水路底部やのり面の土を一時保存、工事後復旧する。

45 □□□

ナットをスパナで回すように、ある点に対して回転させようとする作用を何というか、最も適切なものを選びなさい。
①てこの原理
②偶力
③力のモーメント
④バリニオンの定理

46 □□□

図の支点にかかる力のモーメントとして、最も適切なものを選びなさい。
①10N・m
②40N・m
③400N・m
④4000N・m

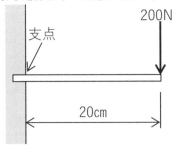

47 □□□

鋼材などの部材において、軸方向応力とひずみには、ある範囲内で比例の関係が成立する。この説明に該当するものとして、最も適切なものを選びなさい。
①フックの法則
②ポアソン比
③バリニオンの定理
④モーメント法

48 □□□

長さ300㎜の部材を引っ張ったところ、部材の長さが309㎜になった。このとき
の部材のひずみとして、最も適切なものを選びなさい。
①33.33
②1.03
③0.97
④0.03

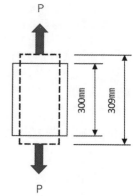

49 □□□

断面積0.5㎡の部材に50kN の力で作用しているとき、部材内部に生じる軸方向
応力として、最も適切なものを選びなさい。
①200kPa
②100kPa
③50kPa
④25kPa

50 □□□

図のような断面の水路に流速0.4m ／ s で水が流れているときの流量が0.80㎡
／ s のときの水位（ア）として、最も適切なものを選びなさい。
①0.16m
②0.25m
③0.8m
④1.0m

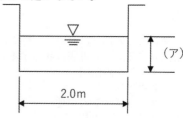

第
2
回
2
0
2
0
年
度

選択科目
（環境系）（林業）

※環境系の選択者は、造園、農業土木、林業のうち1分野を、選択して下さい（複数分野を選択すると不正解となります）。

41 ☐☐☐

本州中部において、標高が高くなるにつれて変化する植生分布の順序として、最も適切なものを選びなさい。
　①低山帯林　→　山地帯林　→　亜高山帯林　→　ハイマツ低木林
　②ハイマツ低木林　→　低山帯林　→　山地帯林　→　亜高山帯林
　③ハイマツ低木林　→　亜高山帯林　→　低山帯林　→　山地帯林
　④低山帯林　→　ハイマツ低木林　→　山地帯林　→　亜高山帯林

42 ☐☐☐

森林土壌についての説明として、最も適切なものを選びなさい。
　①土壌の断面を見て、上部の表層土壌をA層という。
　②土壌の断面を見ると、上部の層には土壌生物はあまり見られない。
　③土壌の断面を見ると、上部の層には植物の成長に必要な養分等は含まれない。
　④日本の森林に広く分布する代表的な土壌はポドゾルである。

43 ☐☐☐

「法正林」の説明として、最も適切なものを選びなさい。
　①現在の実際の森林は法正林に近い。
　②毎年、均等に収穫できる樹木が生育している。
　③伐採可能な年齢の樹木が多く配置されている。
　④毎年の成長量を超えない範囲で樹木を伐採するが、植林は行わない。

44 □□□

森林の所有形態のうち「公有林」の説明として、最も適切なものを選びなさい。
①林野庁が所管しており、日本の森林面積の約3割を占める。
②国有林は公有林に含まれる。
③個人や会社が所有している森林。
④民有林の中に公有林は含まれる。

45 □□□

森林の植生と代表的な樹木の組み合わせとして、最も適切なものを選びなさい。
①亜熱帯林－スギ
②暖温帯林－トドマツ
③冷温帯林－ブナ
④亜寒帯林－カエデ

46 □□□

アカマツの説明として、最も適切なものを選びなさい。
①日本の固有種であり、材は加工しやすく主に建築用材に用いられる。
②材は木炭の原料やシイタケ原木に用いられる。
③材は古くから重要な建築用材として重用され、特に寺院や神社の建築にも
　用いられている。
④土壌に対する適応力が強く乾燥に強く、材は強度があり建築材の梁などに
　利用される。

47 □□□

森林の成長に伴う保育作業の順序として、最も適切なものを選びなさい。
①下刈り　　→　　除伐　　　→　　間伐
②下刈り　　→　　間伐　　　→　　除伐
③間伐　　　→　　下刈り　　→　　除伐
④間伐　　　→　　除伐　　　→　　下刈り

48 □□□

木材生産の作業に関する次の記述の名称として、最も適切なものを選びなさい。

「伐採した樹木の枝を払い、利用目的に応じた長さに切る『玉切り』を行って木材にする。」

①集積
②伐採
③造材
④集材

49 □□□

伐採方法に関する次の記述の名称として、最も適切なものを選びなさい。

「一定期間ごとに大きな林木を中心に、部分的に伐採する方法で、環境保全機能が高い伐採方法。」

①皆伐法
②択伐法
③漸伐法
④母樹保残法

50 □□□

森林の測定方法に関する次の記述に該当するものとして、最も適切なものを選びなさい。

「林分全域の中の、一定面積の代表的な区域を選んで設定する。」

①毎木調査法
②リモートセンシング法
③ドローン調査法
④標準地法

編集協力

荒畑　直希

金井　誠治

今　　哲哉

高橋　和彦

橋本　夏奈

笛木　元之

安永　福太郎　他

2023年版
日本農業技術検定
過去問題集　3級

令和5年4月　発行

定価1,100円（本体1,000円＋税10%）
送料別

編　　日本農業技術検定協会
　　　事務局　一般社団法人 全国農業会議所
発行　　一般社団法人 全国農業会議所
　　　全国農業委員会ネットワーク機構

〒102-0084　東京都千代田区二番町9-8
中央労働基準協会ビル
TEL　03(6910)1131

全国農業図書コード番号　R05-01

2023年版
日本農業技術検定
過去問題集　3級

解答・解説編

2022年度 第1回 日本農業技術検定3級試験問題正答表

共通問題（農業基礎）

設問	解答	設問	解答	設問	解答
1	②	11	②	21	①
2	①	12	③	22	②
3	①	13	①	23	④
4	①	14	②	24	②
5	③	15	①	25	①
6	④	16	④	26	②
7	③	17	②	27	④
8	①	18	④	28	③
9	④	19	①	29	③
10	③	20	②	30	②

選択科目

[栽培系]		[畜産系]		[食品系]		[環境系]	
設問	解答	設問	解答	設問	解答	設問	解答
31	④	31	②	31	③	31	②
32	②	32	④	32	②	32	③
33	③	33	①	33	①	33	③
34	②	34	④	34	①	34	①
35	③	35	②	35	④	35	②
36	④	36	④	36	③	36	④
37	①	37	③	37	③	37	③
38	①	38	④	38	④	38	②
39	②	39	③	39	④	39	④
40	③	40	①	40	③	40	②

[栽培系]	[畜産系]	[食品系]	[造園]	[農業土木]	[林業]
41 ④	41 ④	41 ④	41 ④	41 ②	41 ②
42 ④	42 ②	42 ④	42 ③	42 ④	42 ④
43 ④	43 ①	43 ③	43 ①	43 ②	43 ②
44 ①	44 ③	44 ③	44 ④	44 ④	44 ①
45 ④	45 ②	45 ④	45 ②	45 ①	45 ③
46 ③	46 ④	46 ④	46 ①	46 ④	46 ④
47 ④	47 ②	47 ②	47 ④	47 ①	47 ①
48 ①	48 ②	48 ④	48 ③	48 ③	48 ②
49 ④	49 ④	49 ③	49 ①	49 ①	49 ④
50 ④	50 ③	50 ①	50 ②	50 ③	50 ③

2022年度 第2回 日本農業技術検定3級試験問題正答表

共通問題（農業基礎）

設問	解答	設問	解答	設問	解答
1	②	11	④	21	①
2	④	12	②	22	④
3	③	13	③	23	③
4	①	14	④	24	③
5	③	15	③	25	④
6	②	16	②	26	①
7	③	17	②	27	④
8	④	18	③	28	③
9	①	19	④	29	①
10	②	20	②	30	①

選択科目

［栽培系］		［畜産系］		［食品系］		［環境系］	
設問	解答	設問	解答	設問	解答	設問	解答
31	②	31	④	31	②	31	③
32	①	32	①	32	④	32	④
33	④	33	③	33	①	33	②
34	③	34	②	34	④	34	④
35	④	35	③	35	③	35	③
36	②	36	②	36	①	36	③
37	①	37	④	37	③	37	③
38	②	38	③	38	②	38	③
39	①	39	①	39	②	39	①
40	①	40	②	40	④	40	②

［栽培系］		［畜産系］		［食品系］		［造園］		［農業土木］		［林業］	
41	③	41	③	41	②	41	②	41	①	41	③
42	③	42	①	42	③	42	④	42	②	42	②
43	④	43	④	43	①	43	①	43	④	43	③
44	③	44	③	44	④	44	④	44	③	44	①
45	④	45	②	45	④	45	③	45	④	45	④
46	③	46	①	46	③	46	②	46	②	46	④
47	②	47	①	47	②	47	①	47	④	47	③
48	①	48	③	48	③	48	④	48	①	48	③
49	②	49	②	49	①	49	③	49	④	49	①
50	④	50	④	50	③	50	①	50	③	50	④

2021年度 第1回 日本農業技術検定3級 解答一覧

共通問題　［農業基礎］

設問	解答	設問	解答	設問	解答
1	③	11	①	21	①
2	②	12	②	22	③
3	③	13	③	23	②
4	②	14	①	24	①
5	②	15	②	25	②
6	③	16	②	26	①
7	②	17	④	27	④
8	①	18	④	28	④
9	④	19	④	29	④
10	④	20	③	30	③

選択科目

［栽培系］ ［畜産系］ ［食品系］ ［環境系］

設問	解答	設問	解答	設問	解答	設問	解答
31	②	31	①	31	③	31	①
32	②	32	②	32	③	32	③
33	①	33	④	33	②	33	②
34	④	34	④	34	④	34	②
35	④	35	②	35	①	35	③
36	③	36	④	36	③	36	③
37	④	37	①	37	④	37	③
38	②	38	②	38	②	38	③
39	③	39	①	39	④	39	④
40	①	40	①	40	③	40	②

［造園］ ［農業土木］ ［林業］

栽培系		畜産系		食品系		造園		農業土木		林業	
41	④	41	①	41	④	41	④	41	④	41	④
42	②	42	②	42	②	42	①	42	②	42	④
43	④	43	④	43	①	43	④	43	①	43	②
44	①	44	②	44	③	44	①	44	④	44	②
45	②	45	③	45	④	45	②	45	①	45	②
46	②	46	①	46	①	46	①	46	②	46	②
47	②	47	②	47	①	47	③	47	①	47	④
48	②	48	①	48	④	48	②	48	④	48	②
49	②	49	④	49	①	49	④	49	①	49	②
50	①	50	③	50	②	50	④	50	④	50	③

2021年度 第2回 日本農業技術検定3級 解答一覧

共通問題　[農業基礎]

設問	解答	設問	解答	設問	解答
1	②	11	②	21	①
2	②	12	④	22	③
3	②	13	④	23	①
4	③	14	①	24	③
5	①	15	③	25	②
6	①	16	①	26	①
7	②	17	②	27	③
8	④	18	④	28	①
9	③	19	②	29	②
10	②	20	②	30	④

選択科目

[栽培系]		[畜産系]		[食品系]		[環境系]	
設問	解答	設問	解答	設問	解答	設問	解答
31	①	31	②	31	④	31	③
32	①	32	④	32	④	32	②
33	③	33	①	33	③	33	④
34	②	34	③	34	①	34	①
35	③	35	②	35	③	35	②
36	④	36	③	36	②	36	④
37	④	37	①	37	①	37	②
38	④	38	①	38	④	38	④
39	③	39	③	39	①	39	③
40	④	40	②	40	②	40	②

						[造園]		[農業土木]	[林業]
41	②	41	①	41	①	41	③	41 ④	41 ①
42	④	42	③	42	①	42	④	42 ④	42 ②
43	②	43	③	43	④	43	②	43 ②	43 ④
44	④	44	④	44	③	44	①	44 ①	44 ④
45	③	45	③	45	③	45	③	45 ④	45 ③
46	④	46	②	46	③	46	②	46 ①	46 ①
47	④	47	④	47	②	47	①	47 ②	47 ②
48	④	48	④	48	②	48	④	48 ③	48 ②
49	①	49	③	49	②	49	③	49 ④	49 ④
50	③	50	③	50	④	50	①	50 ④	50 ②

2020年度 第2回 日本農業技術検定3級 解答一覧

共通問題　[農業基礎]

設問	解答	設問	解答	設問	解答
1	③	11	③	21	③
2	①	12	①	22	②
3	④	13	③	23	④
4	②	14	④	24	③
5	③	15	③	25	①
6	③	16	①	26	①
7	①	17	②	27	③
8	②	18	①	28	④
9	④	19	④	29	②
10	④	20	②	30	②

選択科目

[栽培系]　[畜産系]　[食品系]　[環境系]

設問	解答	設問	解答	設問	解答	設問	解答
31	①	31	②	31	③	31	③
32	③	32	④	32	②	32	③
33	①	33	①	33	③	33	②
34	①	34	②	34	①	34	④
35	②	35	③	35	②	35	②
36	①	36	②	36	④	36	④
37	④	37	①	37	②	37	①
38	②	38	④	38	③	38	④
39	①	39	③	39	③	39	①
40	④	40	④	40	④	40	③

[造園]　[農業土木]　[林業]

設問	解答	設問	解答	設問	解答	設問	解答	設問	解答	設問	解答
41	①	41	②	41	②	41	④	41	①	41	①
42	②	42	④	42	④	42	③	42	②	42	①
43	③	43	③	43	④	43	②	43	④	43	②
44	④	44	③	44	①	44	②	44	③	44	④
45	④	45	①	45	②	45	④	45	③	45	③
46	③	46	④	46	①	46	①	46	②	46	④
47	②	47	④	47	②	47	③	47	①	47	①
48	④	48	②	48	④	48	④	48	④	48	③
49	③	49	①	49	②	49	②	49	②	49	②
50	③	50	③	50	③	50	①	50	④	50	④

2022年度 第1回 日本農業技術検定3級　解説

（難易度）★：やさしい、★★：ふつう、★★★：やや難

共通問題［農業一般］

1　解答▶②　　　　　　　★
　発芽の三条件は、温度、酸素、水である。種子が十分に給水し、温度条件が適切で、酸素があれば、種子に貯蔵されたデンプンや脂質等の物質が分解されて発芽に必要なエネルギーが供給されて発芽する。また、光は、発芽条件の絶対的要因にはならず、レタス等多くの植物は、発芽に光を要求する明（光）発芽種子だが、シクラメンのように発芽時に暗黒の状態を要求する暗発芽種子もある。

2　解答▶①　　　　　　　★
　雌雄異花の植物形態をもつ野菜は、ウリ科の作物のように雄花・雌花が別々である。キュウリは雌雄異花であり、それ以外は両性花である。また、キュウリは、単為結果性があるので受精しなくても雌花が肥大して果実になるが、このような果実のことを無核果という。一般に、キュウリやバナナ等、無核果の果実は種の周りが柔らかい。

3　解答▶①　　　　　　　★
　写真の野菜はトマトでナス科に属する。ナス科には、トマト以外に、ナス、ピーマン、ジャガイモなどがある。ハクサイはアブラナ科、ダイズはマメ科、スイカはウリ科に属する。

4　解答▶①　　　　　　★★
　種子は、発芽に必要となる養分を子葉に貯える無胚乳種子と胚乳に貯える有胚乳種子に大別される。無胚乳種子は双子葉植物であり、ダイズ等のマメ科やアブラナ科の野菜、クリ（ブナ科）、アサガオ（ヒルガオ科）トマト（ナス科）等がある。有胚乳種子は単子葉植物であり、イネやトウモロコシ等のイネ科やネギやニラ等のユリ科野菜がある。ただし、カキは双子葉植物だが、有胚乳種子である。

5　解答▶③　　　　　　★★
　土壌の化学性は様々な指標で表すが、pHは水素イオン濃度の指標を示し、7より大きい数値はアルカリ性、小さい数値は酸性である。①電気伝導度（EC）は土壌中の塩類濃度の指標、②土壌水分はpF、④陽イオン交換容量（CEC）は土壌の保肥力を示す指標である。

6　解答▶④　　　　　　　★
　アブラナ科の野菜には、日本の野菜生産で栽培面積や生産量で上位を占めるダイコン、ハクサイ、キャベツ等の他にブロッコリーやカリフラワー等の花野菜、野沢菜等の葉物野菜、ワサビやクレソン、野菜ではないがハボタン等が含まれる。また、生育特性として比較的冷涼な気候を好むものが多く病害虫被害では根こぶ病等の病害やアブラムシ、ヨトウムシ等の被害があり連作すると被害が増加する。

7　解答▶③　　　　　　★★
　種子は発芽すると、根や茎を伸ばし、新しい葉をつける栄養成長を行う。そして、ある程度成長すると花

芽をつくり、果実や種子を形成するための生殖成長を行う。

8　解答▶①　★★

光合成は、根から吸収した水と葉の気孔から取り入れた二酸化炭素から炭水化物を合成する。②呼吸は、炭水化物を酸素と水を使って分解しエネルギーを得る働きで、このとき、二酸化炭素と水を放出する。③蒸散は、生育適温を超えたときなど体内温度を調節するため葉の気孔から水分を放出するはたらき。④高温では呼吸が活発となり、炭水化物の消費量が多くなるので、夜間の気温が高いと炭水化物の消費が多くなる。

9　解答▶④　★★

混作は、2種類以上の作物をひとつの耕地で同時に栽培すること。連作は、同じ作物をひとつの耕地で複数年にわたって栽培すること。二期作は、1年間に同じ作物を同じ耕地で2回連続して栽培すること。

10　解答▶③　★

窒素は、葉緑体の骨格をなす多量元素で、不足すると下葉から葉が黄化する。①マンガンと②亜鉛は微量元素。マンガンは欠乏すると葉脈間が淡緑化・黄化、亜鉛は古い葉から葉脈間が黄白化する。④カルシウムは多量元素だが、不足すると上の若い葉から順に黄白色から褐色になる。

11　解答▶②　★

日本では、一般に土壌が酸性を示すことが多い。その理由としては、火山が多く土壌に火山灰が含まれていることや降水量が多く土壌中のアルカリ成分が流亡すること、降雨の酸性化、化学肥料の多用（酸性の肥料が多い）等があげられる。酸性土壌の矯正には、一般に消石灰もしくは苦土石灰を使用する。消石灰は、安価で効果が高いが、施用後2週間程度は播種、定植作業を避ける必要がある。苦土石灰は消石灰より高価だが、酸度矯正と同時に微量要素のMgを施すことができる。また、アルカリ性土壌の矯正には、酸度調整のしていないピートモス（pH 4前後）を使用する。

12　解答▶③　★

土壌に腐植が含まれることで、土の団粒化が促進され、バランスのよい間げきができ、保水性・保肥力、排水性、通気性のよい土となる。また、微量要素の補給や土中の有用微生物のはたらきもよくなる。

13　解答▶①　★★

有機質肥料は、動植物由来の資源をもとにつくられたもので、鶏ふんのほか、油かす、牛ふん、魚粉などがある。無機質（化学）肥料は、化学的に製造された肥料で、肥料の三要素のうち一つの成分のみを含む硫安、塩化カリなどの単肥と、二つ以上の成分を含む複合肥料がある。また、N-P-Kの成分量の合計が30％を超えるものを高度化成肥料それ以下を普通化成肥料という。

14　解答▶②　★★★

①スベリヒユ、③メヒシバ、④エノコログサである。雑草として扱うカヤツリグサは、畑、水田畦等湿地や乾地に関わらず生育する。また、繁殖力が旺盛で駆除のため耕うんするとちぎれた根からそれぞれ発根して再生するなど極めて駆除が困難な雑草である。また、近年スーパーフードとして注目されるタイガーナッツはカヤツリグサ科（ショクヨウガヤツリの根）である。スベリヒユはスベリヒユ科で耐乾性が高く根の再生力だけでなく切断した茎からの発根力も高いため極めて駆除が困難な畑地雑草である。メヒシバハは、イネ科の1年生雑草で環境適応

性に優れ、土さえあればコンクリートの隙間でも繁殖するなど繁殖力が旺盛なため極めて駆除が難しい雑草である。また、外見も特性もよく似た植物にオヒシバがある。エノコログサはイネ科の畑地雑草で6〜9月頃に写真の穂をつける。別名を猫じゃらしとも言われ、雑穀の粟（あわ）の原種とされている。

15　解答▶①　　　　　★★
表土と深層土を入れ替える反転耕で、雑草のたねを深く埋めることができる。②雑草を抑えることにはならない。③種ができる前に除草することが大切。④殺虫剤ではなく、除草剤を使う。

16　解答▶④　　　　　★★
コナガ・ヨトウムシ・ハマキムシ・ナメクジなどは食害性害虫で被害としては葉や実を食い荒らすことによる農作物の品質低下や食害による生育不良があげられる。また、アブラムシ・ハダニ・スリップス・カイガラムシなどは吸汁性害虫で、被害としては植物体の体液を吸汁することによる生育不良や品質低下のほか、ウイルス病等を蔓延させることがあげられる。

17　解答▶②　　　　　★★
ウイルスを媒介するのはおもに吸汁性昆虫で、吸汁性のアブラムシは、トマト黄化えそ病やキュウリ黄化えそ病などのウイルスを媒介する。①③④は食害性昆虫（害虫）。

18　解答▶④　　　　　★★
IPMは、化学的、生物的、物理的、耕種的防除法などを組み合わせて生態系維持や環境保全、効率的・経済的に被害を生じないレベルの発生に抑えるという考え方である。①単一の防除技術のみに頼らない。②経済的被害許容水準を決定し、有害生物の密度を低いレベルで管理する。③

発生を的確に予察して農薬の使用は最小限にする。

19　解答▶①　　　　　★
白色レグホーン種は、イタリア原産、アメリカで改良された卵用種で、産卵能力に優れ一般に初産日齢約160日、年間産卵数約280個と言われている。名古屋種は別名名古屋コーチンと呼ばれ、その肉質の良さと産卵数も多いことから、卵肉兼用種に分類されている。横はん（おうはん）プリマスロック種は、アメリカ原産の卵肉兼用種で年間産卵数約250個、肉の味が良く肉用種の作出に使用されている。羽色が黒白の横縞（しま）なのでこの名前がある。雌のほうが黒羽の割合が多く黒っぽく見えるので区別がしやすい。白色コーニッシュ種は、イギリスで交配されアメリカで改良された肉用種で発育速度が速く成体は雌で約4kgになる。ブロイラーとして利用される鶏の雄鶏はこの品種が多い。

20　解答▶②　　　　　★
ブタは植物性飼料、動物性飼料の両方を食べる雑食動物であり、消化器の構造もヒトと似ている。そのほかのウシとヒツジは反すう胃をもち、微生物の働きで草の消化を促す。ウマは反すう胃をもたないが、盲腸が大きく、草の消化に関わっている。

21　解答▶①　　　　　★★
飼養標準は、家畜飼養管理の基本となるもので家畜等の成長過程や生産量に応じた適正な養分要求量を示している。飼料は、粗飼料と濃厚飼料に分けられるが、②粗飼料は、トウモロコシ等のイネ科植物等の茎葉を粉砕したものを乾燥または発酵させたもの（サイレージ）で、エネルギー量は少ない。③2種類以上の飼料原料を一定割合で配合したものを配合飼料という。④濃厚飼料は、ト

ウモロコシ等の穀類や大豆油粕で、粗飼料に比較してエネルギー量が多い。牛は消化機能を保つために粗飼料は必須であり濃厚飼料と一緒に給餌する。豚や鶏では、通常、濃厚飼料のみを給餌する。

22 解答▶② ★★

食品に含まれる栄養素のうち、たんぱく質（卵、魚、肉等）、炭水化物（糖質）（米、小麦、芋類等）、脂質（油、バター、種実等）は人間の身体に欠くことのできない栄養成分であることから三大栄養素という。三大栄養素には、人間の骨、筋肉等の身体をつくることと脳や身体を動かすエネルギー（カロリー）になるという2つの働きがあることから、エネルギー産生栄養素とも総称される。更に、三大栄養素に身体の調子を整える無機質（ミネラル）、ビタミンを加えたものを五大栄養素という。この二つの栄養素は、体内で合成することができないので食品から摂ることが重要となる。

23 解答▶④ ★★

種籾からもみ殻を取り除いたものが玄米、玄米から胚芽、糠（ぬか）を取り除いたものが白米でこのことを精白という。玄米は、消化は悪いが、ビタミン、ミネラル、食物繊維に富み、健康食として利用されている。胚芽精米（胚芽米）は、精米時に胚芽を残すようにした米で白米に対して胚芽が残っていることからビタミン等の栄養素や食物繊維を豊富に含みながら、ぬか層が無いことから玄米に比べて食べやすく消化されやすい。半つき米とは、白米が玄米から胚芽も含めて約8％の糠を取り除くのに対して4％に留めたもので白米よりミネラル等が豊富で胚芽精米より食べやすい。

24 解答▶② ★★★

①食品の流れを農林水産業から、食品製造業や食品卸売業、食品小売業・外食産業を経て消費者に至る総合的なシステムとして捉える考え方。③規制する農薬をリスト化して残留基準を定めたもの。④食品の流れを明確にするシステムで、生産、加工、流通段階の生産履歴を確かめることができる。

25 解答▶① ★★

買掛金とは、掛取引の際に使われる勘定科目だが、すべての掛取引が相当するのではなく、販売する目的で商品を仕入れた場合や商品を製造する目的で材料等を仕入れた場合等、「仕入」に関連して使われる会計用語。農業簿記では、種苗・肥料・農薬等の生産資材を掛けで仕入れたときにその代金を支払う義務のこと。

26 解答▶② ★

6次産業化は1次産業従事者（農林水産業者）による2次産業（製造・加工）や3次産業（卸・小売・観光）への取り組みにより、新たな付加価値の創造や農林漁業・農山漁村の活性化につなげようとする考えのこと。①は障がい者等の農業分野での活躍を通じて自信や生きがいを創出し、社会参画を促す取り組み。③は「人・もの・情報」の行き来を活発にし、都市と農山漁村それぞれに住む人々がお互いの地域の魅力を分かち合い理解を深める取り組み。④は地元で生産されたものを地元で消費すること。

27 解答▶④ ★★

Bは卸売業者、Cは小売業者、Dは外食産業である。食生活の外部化、サービス化が進み、わが国のフードシステムは、消費者の低価格志向、簡便化・サービス志向、高品質・安

心志向など多様なニーズにあわせ、食品関連企業間の競争を伴いながら展開している。

28　解答▶③　★★★

平成11年に施行された「食料・農業・農村基本法」で農業・農村の持つ多面的機能は、「国土の保全、水源のかん養、自然環境の保全、良好な景観の形成、文化の伝承等農村で農業生産活動が行われることにより生ずる食料その他の農産物の供給の機能以外の多面にわたる機能」と定義されている。①は農業・農村の食料の生産・供給機能である。②は農業・農村の環境保全機能である。④は農業・農村の生物多様性保全機能である。

29　解答▶③　★

レッドデータブックは、絶滅の危機に瀕している野生生物の分布や生態、その保全状況や生息に影響を与えている要因を記載して個体や生息地等の保護、保全活動に役立てるもの。①は「生態系サービス」。②はワシントン条約の附属書（取引が規制される野生動物）の説明。④は「生物多様性ホットスポット」で、地球規模での生物多様性が高いにもかかわらず、人類による破壊の危機にひんしている地域のリスト。

30　解答▶②　★

温室効果ガスの影響により産業革命以降、地球の年平均気温は1℃上昇したといわれている。2015年にパリで開催された「国連気候変動枠組条約締約国会議（通称COP）」で合意された協定（通称：パリ協定）では産業革命以前より2℃以下にすることが決められた（5か年ごとの二酸化炭素削減計画）。温室効果ガスの大半は二酸化炭素である。地球温暖化がさらに進行すれば、生態系や気象、食料生産、水資源などに深刻

な影響を及ぼすことが懸念されている。

選択科目［栽培系］

31 解答▶④ ★★

育苗による良い苗作りは田植え後の成長や収穫に大きな影響を及ぼす。特に移植法に見合った草丈と葉齢まで病害虫におかされず、苗のそろいをよくすることと、風乾重が大きく、乾物率や充実度が高いことが極めて重要である。

32 解答▶② ★

土を平らにすることで、水の深さが一様になり、植え付けとその後の管理を容易にする。肥料を土に混ぜることもある。代かきはロータリやロータリハローを用いることが多い。丹念に行うほど土は軟らかく、水もちも良くなるが通気性は低下する。

33 解答▶③ ★★

キュウリの花は雌雄異花で、自然条件下の受粉は虫媒による他家受粉であるが、品種改良された現在のキュウリは単為結果性が強く、受粉受精しなくとも結実する性質がある。

34 解答▶② ★★

トマトは原産地である南アメリカアンデス高原の環境に適応し、①湿度、土壌水分ともに低い環境を好み、②太陽の光が強く（光飽和点は6〜7万lx）、③根は深根性で、④昼夜の温度差が大きい方が品質の良い果実となる。

35 解答▶③ ★

トマトは第1花房の後、原則として、本葉3枚ごとに花房をつけ、その後はこれを繰り返す。

36 解答▶④ ★★

キュウリはインドのヒマラヤ山麓が原産地である。①④浅根性で乾燥には弱く水分を多く必要とするので、乾燥期には水分不足になりやすい。②巻きひげがあり、ネット等に絡んで伸長していく。③病気抵抗力の向上などの接ぎ木効果のため、多くの接ぎ木苗が作られている。

37 解答▶① ★

ホウレンソウは長日で花芽が分化する。②キャベツと④ネギは植物体春化型（低温）。③ハクサイは種子春化型（低温）。

38 解答▶① ★

写真はニジュウヤホシテントウ。おもにナス科の植物を食害する。

39 解答▶② ★★★

①種いもは芽のある部分を必ず含めて40〜50gの大きさに切る。③種いもに肥料が接するような施肥は「肥料焼け」を起こすので、間に土（間土）を入れることが望ましい。④乾燥や鳥獣害を防ぐために覆土をすることが望ましい。

40 解答▶③ ★★

トウモロコシは雌雄異花で、他家受粉する作物である。雄穂が茎の先端に、雌穂が茎の中間について、雄穂は抽出3〜4日後（雌穂絹糸抽出の1〜2日前）から開花し始め、5〜10日間（品種によって差がある）に渡って膨大な量の花粉を飛散させる。

41 解答▶④ ★

①根粒菌は空気中の窒素を固定して植物体内に取り込む。②ダイズは無胚乳種子で栄養分は子葉に含まれる。③納豆、豆腐には完熟した豆を使う。

42 解答▶④ ★★

ペチュニア、マリーゴールド、サルビアは春まき一年草。

43 解答▶④ ★★★

①チューリップ、②スイセン、③ユリは秋植え球根。

44 解答▶① ★★

写真はペチュニアでナス科の一年

草。春まき一年草で花壇苗として利用される。

45 解答▶④ ★★
　①ツバキ（ツバキ科）②プリムラポリアンサ（サクラソウ科）③ハボタン（アブラナ科）④マリーゴールド（キク科）である。

46 解答▶③ ★★
　写真Aはナシ、写真Bはモモの開花の写真である。ナシおよびモモは国内の代表的な落葉果樹である。ナシは混合花芽とよばれ、一つの花芽から花と葉と1～2本の新梢が伸長し、一つの花芽には6～9個の花がつく。

47 解答▶④ ★
　写真はリンゴの摘果作業の前後の写真である。リンゴの摘果作業は、果実肥大を目的に中心果を残し、側果を摘む摘果を最初に行う。摘粒はブドウ、摘蕾（てきらい）はモモなどでつぼみを摘む栽培管理である。

48 解答▶① ★
　ポリフィルムのマルチングを行うことによる効果として、土壌水分の保持と、土壌表面からの跳ね上げ防止による病害抑制効果がある。黒マルチとして雑草抑制、地温の上昇がある。アブラムシ防除はシルバーマルチ、土壌乾燥は特殊不織布の通気性マルチである。

49 解答▶④ ★★★
　「10－16－8」の表示は、窒素10％、リン酸16％、カリウム8％の重量割合を表示している。求める計算式は、X×0.08＝4kgとなり50kgとなる。

50 解答▶④ ★★★
　管理機に使用される燃料はガソリンである。ディーゼルエンジン搭載の田植機、トラクタ、コンバインは軽油である。

選択科目［畜産系］

31 解答▶② ★
　①ウマは季節繁殖動物で発情周期は約21日、妊娠期間は約330日。③ヒツジは季節繁殖動物で、発情周期は約17日、妊娠期間は約150日。④ブタは周年繁殖動物で、発情周期は約21日、妊娠期間は約114日。

32 解答▶④ ★★
　太陽の光は、畜舎の殺菌のほか、紫外線が家畜体内でのビタミンDの合成に関与する。日光浴は家畜の成長や繁殖機能の強化に役立つといえる。

33 解答▶① ★★
　横はんプリマスロック種と③名古屋種、④ロードアイランドレッド種は赤玉といわれる茶褐色、②白色レグホーンは白色である。卵殻色は、ニワトリの羽の色と関係する。

34 解答▶④ ★★
　大びな期は育すう中の飼料の中でタンパク質とエネルギーの最も少ない大びな用飼料を使って、時間をかけて充実したからだをつくるようにする。①雌雄鑑別は初生びなで不可欠な作業である。②1m²当たりの飼育密度が高まると、運動不足になるばかりでなく、仲間の尻や出血部をつつく尻つつきなどが発生する。③尻つつきがひどい場合には死亡することもあるため、発生させないように飼育環境の改善などにも気をつけて予防することが重要である。

35 解答▶② ★★★
　ブロイラー専用種は卵用種と比べて成長が早く、早いもので6週齢、通常は8週齢くらいで出荷される。

36 解答▶④ ★★
　①ニワトリには歯がない。②細かい石（グリッド）がみられるのは筋胃である。③頸動脈を切ってと殺

（と畜）した後は放血するため、赤いとさかは白っぽい色に変色する。④消化管の末端の直腸は尿管と卵管とともに総排せつ腔につながっている。

37　解答▶③　　　　　★★

マレック病はウイルスが原因で起こる。症状は呼吸困難・緑便・全身まひ・貧血・発育不良である。予防には、生ワクチンの接種を行う必要がある。

38　解答▶④　　　　　　★

①「L」はランドレース種、②「B」はバークシャー種、③「W」は大ヨークシャー種の略号である。

39　解答▶③　　　　　　★

①ブタは雑食性である。②ブタの睡眠時間は約8時間弱とされ、ウマの3倍、乳牛の2倍寝ていることが、家畜の睡眠時間の研究からわかっている。④ブタは排せつ場所と休息場所を分ける習性がある。③ヌタうちは、イノシシの行動が受け継がれたもので、この行動は熱放散のためだけでなく、泥を体に塗ることによって、外部寄生虫が付くのを防いでいる。

40　解答▶①　　　　★★★

①アは子宮角、②イは卵巣、③ウは子宮体、④エはぼうこうである。

41　解答▶④　　　　　★★

令和2年における豚の産出額は、1位が鹿児島県で856億円である。①北海道は3位で512億円、②岩手県は8位で314億円、③群馬県は4位で465億円。

42　解答▶②　　　　★★★

①ホルスタイン種の説明であり、ドイツおよびオランダで育種改良されたとされる。③はブラウンスイス種であり、乳はチーズ製造に向いている。④はシャロレー種の説明である。

43　解答▶①　　　　　　★

出生した子牛には、耳標を装着し、家畜改良センターに出生報告を行うことが法律で定められている。②乳頭を薬液中に浸漬して病原細菌を少なくする目的で搾乳前か搾乳後に行う。③分娩予定日の2か月前には搾乳を中止して乳生産を行わない乾乳期に入る。④個体を1頭ずつ繋いで飼養し、人が乳牛のところに行って搾乳を行う乳牛の飼育形態。

44　解答▶③　　　　　★★

①乳牛の平均体温は38.0〜39.3℃であり、ニワトリの41℃前後より低い。②乳牛の年間乳量は、ホルスタイン種では8,000kgを超え、ジャージー種やガンジー種は5,000kg程度である。④1日の排尿量は約15kg、排ふん量は約45kgである。

45　解答▶②　　　　　★★

乳牛の乾乳期間は60日程度である。

46　解答▶④　　　　　★★

牛の主食となるのは牧草、乾草などの粗飼料である。①ビートパルプは粗繊維含量は高いが濃厚飼料に分類される。②小麦から小麦粉を製造する際に発生する主に小麦の外皮部分からなる副産物で、配合飼料原料用として利用される。③ダイズから油を絞り取ったあとの粕を粉砕した粉末で、タンパク質の供給源など濃厚飼料として使用される。

47　解答▶②　　　　　★★

乳房炎は酪農経営において深刻な病気であり、乳腺実質やその周辺の組織が細菌に感染して起きる病気である。予防には、牛舎内の衛生管理が重要である。搾乳時の前搾りやディッピングなども効果がある。①は低マグネシウム血症（グラステタニー）の要因である。④はケトーシスの治療法である。

48　解答▶②　　　★★★

　性分化の際に雄性の発生が雌性よりやや早く起こるウシ胎盤特有の構造が原因で発生する。

49　解答▶④　　　★★★

　①は動物介在療法、②は伴侶動物、③は動物介在活動をさす。

50　解答▶③　　　★★★

　写真はマニュアスプレッダで、堆肥を散布する機械である。

選択科目［食品系］

31　解答▶③　　　★★

　食品の持つ機能性からみた場合、栄養性を第一次機能、③の嗜好性を第二次機能、病気の予防や治療などに関与する生体調節機能を第三次機能とよんでいる。食品は摂取する段階では常に安全でなければならない。食品製造の目的としては貯蔵性、利便性、嗜好性、簡便性、栄養性などをつけ加えることもある。

32　解答▶②　　　★★

　無機質の働きは、体内の代謝を行う酵素の働きを調節する作用がある。野菜・いも・果実類に多く含まれ、細胞の浸透圧調整や栄養素の輸送に関わるのは②のカリウムである。①のカルシウムは小魚や乳製品、③の鉄は肝臓や肉類、④のヨウ素は海藻に含まれている。

33　解答▶①　　　★

　小麦は一般に胚乳の部分を利用することが多く、胚乳部には①の炭水化物が約70％含まれている。次に多いのが③のタンパク質のグルテンである。このグルテンの質と量により、強力・中力・薄力粉など小麦粉の種類が変わる。成分量としては、②の脂質・④の無機質の順となる。

34　解答▶①　　　★★★

　植物中の生のデンプンがβデンプンで、密な構造のため消化できない。②水を加えて加熱すると、aデンプンにかわり、ほぐれた状態となり消化しやすくなる。これをa化という。③炊きたてのご飯のデンプンはa化しているが、冷めると部分的に密な構造となり、βデンプンに近い状態となりぼそぼそする。この現象は老化である。④ビスケットやせんべいのようにa化したデンプンを高温のまま乾燥すると老化はおこらな

い。

35 解答 ▶④ ★★★

④の魚油の不飽和脂肪酸は、高度不飽和脂肪酸含量が多く安定性も悪い。一般に液状で酸化されやすい性質がある。ただし摂取後の効果としては、DHA（ドコサヘキサエン酸）、IPA（イコサペンタエン酸）などは、動脈硬化や血栓を防ぎ血圧を下げる。①②③は、飽和脂肪酸を主に含む。

36 解答 ▶③ ★★★

正解は、③の油脂類のショートニングである。ショートニングとは、食用油脂を原料として製造した固状又は流動状で、可そ性、乳化性等の加工性を付与したほぼ100％が油脂成分のことである。①のサツマイモはいも類およびデンプン類、②の豆腐は豆類、④のコーヒーは嗜好飲料類。

37 解答 ▶③ ★

細胞は、細胞外の浸透圧が高い場合、原料内の各細胞は、脱水され縮んで、細胞壁と細胞膜が離れ原形質分離をおこす。これにより、風味の向上に関係する細胞内の成分が溶出し、漬け物独自の味わいとなる。①・②・④とも直接原形質分離には関係しない。

38 解答 ▶④ ★★

サツマイモを蒸煮するとデンプンが糊化するとともにアミラーゼが作用し、デンプンが糖化される。このデンプンが糖化されたサツマイモを10mm厚くらいの薄切りにし、乾燥すると④の切り干しいもができる。①は、ジャガイモ。②・③は、サツマイモだが揚げ物。

39 解答 ▶③ ★★

フィンガーテストでは、生地に指を押し指跡がそのまま残れば発酵完了である。①は、発酵不足でなく発酵過多。②は、通常押した部分だけ盛り上がることはない。④は、発酵過多ではなく、発酵不足である。また、生地表面を触って見極める手法もある。

40 解答 ▶③ ★★

チャーニングとはクリームをバターチャーンに入れ、激しく撹拌して、クリーム中の脂肪をバター粒子にかえることである。バター粒子が大豆程度の大きさになったら、バターミルクを除去する。ワーキングとはバター粒子を集めて、均一に練り合わせることである。食塩や水分を均一に分散させ、安定した組織のバターを形成する。

41 解答 ▶④ ★★

④のジャガイモデンプンは粒子が大きく水に溶けにくいため、ジャガイモを磨砕して水にさらすと簡単に取り出せる。この粉より片栗粉が作られる。③のサツマイモからもジャガイモと同じような方法でデンプンを作ることができるが、ジャガイモデンプンと少し異なる性質をもっている。

42 解答 ▶④ ★★★

日本農林規格（JAS）では、①はトマトジュース、②はトマトペースト、③はトマトケチャップである。トマトは、組織が柔らかく、破砕・搾汁が容易である。このため、果肉缶詰の他、ジュースやピューレー、ペースト、それらを原料として製造されるケチャップ等の加工品がある。加工用トマトは生食用と比較してリコピンを多く含み、βカロテン・ビタミンC・ペクチンなども多い。

43 解答 ▶③ ★★★

③の八丁みそは、大豆麹を用い食塩11％、5〜20か月の期間で醸造。①の西京みそは米麹を用い食塩

5.5%、5〜20日で醸造。②の信州みそは米麹を用い、食塩12.5%、2〜6か月の期間で醸造。④の仙台みそは米麹を用い食塩13%、3〜12か月で醸造する。

44　解答▶③　　　　　★★

ノロウイルスは、感染性胃腸炎とも言われ、食品製造や調理従事者は、注意を要する。日頃から手洗いの徹底、糞便や吐物の適切な処理、調理従事者の健康確認が重要となる。①のカンピロバクターは、感染型。②のボツリヌス菌は、毒素型。④のきのこ毒は、自然毒食中毒の植物性の毒素が原因である。

45　解答▶④　　　　　★★

南蛮漬けは油で揚げた魚を調味した酢に漬け込んだ食品。①のヨーグルトは乳酸菌の生成した乳酸によりゲル状に凝固した乳製品。②の甘酒は麹を糖化したものを適当な甘さに希釈した食品。③のカマンベールチーズは乳酸菌添加により、乳酸を生成させた後、キモシンにより乳タンパク質を凝固、分離し、型詰め、加塩、カビつけ、培養、熟成させた食品。

46　解答▶④　　　　　★★

ハムやソーセージの製造の際に、充てんに用いる袋状の皮膜がケーシングである。ケーシングは可食性と不可食性に分けられ、可食性ケーシングのうち動物の皮などを粉砕・溶解して人工的に作られたケーシングは④のコラーゲンケーシングである。

47　解答▶②　　　　　★★★

ソーセージの製造で原料のひき肉に調味料や香辛料を加えて脂肪とともに練り合わせる機器は②のサイレントカッターである。その他に塩漬材料を肉にすり込むときに使用する④のミートミキサー、ひき肉にする

③のミートチョッパー、ケーシングに充てんする①のエアスタッファーなどがある。

48　解答▶④　　　　　★★

この器具は真空計と呼ばれ、缶詰の上部に刺し缶詰内の真空度を測定するために用いられる。目的は、密封性や無菌状態の確認が主な目的である。この他に打検検査と呼ばれる方法がある。30〜37度の恒温器内で1〜4週間保管し、打検棒でたたいて調べる。

49　解答▶③　　　　　★★

ブリキ缶は金属材料なので硬さは他の包装材料よりも強い。密閉性がよく空気断絶、防湿、遮光、味の保持が期待できる。①はTFS缶。②はアルミニウム缶。④は紙パック。他食包装材料にはガラスや金属、紙・プラスチック・木製品、植物の葉、布などが使用されている。

50　解答▶①　　　　　★★

①の鶏卵（生食用）は選別包装者を記載。②の玄米及び精米（生鮮食品）は単一銘柄米、ブレンド米ともに販売者を記載。③の牛乳は製造所所在地と製造者を記載。④の煎茶（国内産荒茶を用いて国内で仕上げ茶）は製造者または販売者を記載。

選択科目 ［環境系・共通］

31　解答▶②　★★

　測量における測定の3要素とは、距離、角度、高低差のことをいう。距離には、水平距離、斜距離がある。角度には、水平角、鉛直角がある。

32　解答▶③　★★★

　交会法は距離測定が困難な場合に用いられる方法で、既知点から未知点までの方向線のみ測定し、その交点から未知点を求める方法。①道線法とは、多角形に設けられた測点を平板を移動させながら、既知点から未知点までの距離と方向を測定していく方法。②放射法は、基準となる点から平板を移動させずに、見通すことのできるすべての点について方向と距離を測定する方法。④三辺法とは、土地をいくつかの三角形に分割し、測定した三角形の三辺の距離からヘロンの公式で面積を図る方法。

33　解答▶③　★

　写真は円定規である。造園製図では、自由曲線を描くことが多く、フリーハンドの練習が大切である。円は円定規、曲線を描くときは雲形定規や自在曲線定規を用いると便利である。円定規は別名テンプレート（Template）といい「型版」「鋳型」の意味があり、円だけでなく楕円・三角形等がある。

34　解答▶①　★

　図は破線である。破線は「かくれ線」ともいう。対象物の見えない部分の形状を表すのに用いる。線の種類として、太い破線または細い破線がある。

35　解答▶②　★★

　カラマツは日本の針葉樹でただ一つ落葉する樹木である。スギ、ヒノキ、カラマツなどは人工林に多く、木材として利用されている。アカマツは日当たりを好む極陽樹で樹皮が赤褐色で赤松、女松（めまつ）とも呼ばれる。クロマツは日本を代表する庭木で、樹皮が黒褐色なので黒松、男松（おまつ）とも呼ばれる。

36　解答▶④　★★★

　雑木林は薪（まき）、炭材としても利用され薪炭林とも呼ばれている。シイタケなどの原木用だけでなく、農業とも関係している。里山はむかしから集落の周辺に位置し、この一例が雑木林である。最近では、環境保全型の農業への関心の高まりなどから、雑木林の機能が見直されている。

37　解答▶③　★★★

　木材生産を行う人工林では、地ごしらえ、植林、下刈り（下草刈り）、除伐、つる切り、間伐、枝打ち、主伐（皆伐・択伐）、搬出などの一連の作業が必要になる。これらの作業のうち「下刈り、除伐、間伐、枝打ち、つる切り」を総合して保育作業という。

38　解答▶②　★★

　①地球温暖化防止機能：森林は大気中の二酸化炭素を吸収し、固定することができる。③水源かん養機能：森林には河川に流れる水の量を調節し、洪水や渇水を防ぐ機能がある。④国土保全機能：森林樹木の根は、土砂の流出や山崩れを防ぐ機能がある。こうした機能を十分に発揮させるには、森林を健全な状態に保つ必要がある。

39　解答▶④　★★

　写真の手前がアカマツで樹皮が赤みを帯びている。奥がスギである。

40　解答▶②　★

　刈払機を使用して下刈りを行い、幼木の成長を促す。下刈りは夏期に行うことが多い。構造は原動機、

シャフト、回転鋸からなり、日本国内で業務として刈払機を用いる場合には、安全衛生教育を受講する必要がある。

選択科目 ［環境系・造園］

41　解答▶④　★★★

一般的には春日型灯籠が多い。石灯籠は最初神仏の献灯として用いられていた。やがて茶庭などの照明の役目を経て庭園の装飾的な添景物として用いられるようになった。①平等院が有名。火袋に特徴がある。②水辺や流れの縁に置かれることが多い。③基礎の部分がなく竿を地面に直接埋め込んだもので、茶庭（露地）に多く用いられる。

42　解答▶③　★★

透視図を描くときに水平線（H.L.）は視心（消点）の位置を決めたり、視点の高さ、対象物との距離を決めるときに大切な線である。

43　解答▶①　★

江戸時代になると、政治が安定し諸大名は江戸屋敷の邸内や自国の城内などに広大な庭園を造った。別名大名庭園。これまでの造園様式の要素を組み合わせ、それらを園路でつなぎ、池、築山、茶室、(四阿（あずまや・東屋)) など、歩きながら移り変わる景観を鑑賞するようになった。

44　解答▶④　★★★

近隣公園は、基幹公園の種類に住区基幹公園と都市基幹公園の二つがあり、住区基幹公園のひとつで、街区公園、近隣公園、地区公園に種別されている。都市基幹公園には、総合公園、運動公園がある。

45　解答▶②　★★

クロマツは庭木の主木として多く用いられており、門冠り（もんかぶり）、見越し、流枝（なげし）などの役木として用いられてきた。樹勢強健な常緑樹で、やせ地や乾燥地にも耐える。樹皮は黒褐色なので黒松といわれオマツ（雄松・男松）ともい

われる。葉の長さは10cm程度である。葉先に触れると痛い。③アカマツは樹皮が赤褐色である。葉先に触れてもあまり痛くない。

46 解答▶① ★★

　根回しとは、現在の生育地で、前もって太根の一部切断または環状剥皮し、残った根に細根の発生を促進させて、掘り上げ作業や移植後の活着と生育を容易にさせる作業である。溝堀り式と断根式の2種類があり、通常根回しというと溝掘り式をさす。断根式は、幹の周囲を簡単に掘りまわす方法で比較的浅根性のものに行う。

47 解答▶④ ★★★

　四ツ目垣が美しく見えるために、胴縁の末口（先端に近いほう、細い）と元口（根元に近い方、太い）を交互に取り付けることで、遠目に見て同じような間隔で見える。また胴縁に用いるものはなるべくまっすぐなものを選ぶ。末口は竹の肉質が薄いので節止めにしたほうが割れにくい。

48 解答▶③ ★

　さし木は、母樹と同様の花を咲かせ、枝葉や樹形も類似したものが得られる。同一品種を増やしたり、苗木の生育期間を短縮し経費の削減ができる。①は組織培養、②は接ぎ木、④は実生。その他の繁殖方法として、株分け、取り木がある。

49 解答▶① ★★

　春から初夏にかけてナシ、ボケなどの葉裏に淡黄色、筒状の毛状体を多く発生する。その後は腐り黒斑点となる。担子菌類さび菌、菌はカイズカイブキ等（ビャクシン類）を中間宿主としている。

50 解答▶② ★★

　アメリカ合衆国はロッキー山脈の雄大な自然風景を対象に広大な面積のイエローストーン国立公園を、万民のために後世まで保護する目的で1872年に制定した。大部分はワイオミング州に属すが、隣接するアイダホ州とモンタナ州にも及んでいる。

選択科目
[環境系・農業土木]

41 解答 ▶ ② ★★★

測点	目盛位置	望遠鏡	視準点	観測角点	測定角	倍角	較差	倍角較差	観測差
O	0°	正	A	0° 00′ 00″	0° 00′ 00″				
			B	132° 34′ 30″	132° 34′ 30″	80″	−20″		
		反	B	312° 34′ 50″	132° 34′ 50″			(2)は10″	(3)は40″
			A	180° 00′ 00″	0° 00′ 00″				
O	90°	反	A	270° 00′ 00″	0° 00′ 00″				
			B	42° 34′ 40″	132° 34′ 40″	90″		(1)は20″	
		正	B	222° 35′ 10″	132° 35′ 10″				
			A	90° 00′ 00″	0° 00′ 00″				

(1)：$60″ − 40″ = 20″$（35′00″は、′（ふん）を34′に揃えるので、34′60″と置き換えて計算する。また、正位の値から反位の値を引く）
(2)：$90 − 80 = 10″$、(3)：$20 − (−20) = 40″$

42 解答 ▶ ④ ★★★

観測時にリアルタイムで、国土地理院の電子基準点網の観測データ配信を受けている配信会社からの補正データと、衛星からの信号を受信し、移動局で必要な解析を行いながら観測を行う。①はスタティック法、②はキネマティック法、③はRTK（リアルタイムキネマティック）法。

43 解答 ▶ ② ★

土質を改良するため、よそから土を運び入れることを客土という。砂質土の土地には埴土を、重粘土地には砂質土を、泥炭地・火山灰地には壌土または埴土を客入する。

44 解答 ▶ ④ ★★

図はバックホーである。地表面より低い場所の掘削に適している。

45 解答 ▶ ③ ★★

①アーチ式コンクリートダムは、水圧等を水平なアーチ状の堤体で片持ばりの作用で両翼と下方の岩盤に伝達して抵抗する構造のダム。②均一型フィルダムは堤体の大部分が均一な土石材料により構成され、全断面によって遮水する形式のダム。④コア型フィルダムは堤体内にアスファルトやコンクリートなど土質材料以外の遮水壁を持つ形式のダム。

46 解答 ▶ ④ ★★★

最小化は、行為の実施の程度又は規模を制限することにより、影響を最小化すること。自然石を使用する事で、石と石の間に隙間ができるため、そこに植物や小魚・小動物のための空間ができるなどの効果が期待できるため、環境変化への影響の最小化を図る。①は修正、②は回避、③は軽減／除去。

47 解答 ▶ ① ★

単位長さ当たりの変形量をひずみという。ひずみ $\varepsilon = \Delta \ell / \ell$

48 解答 ▶ ③ ★★★

B点からのモーメントの総和は0であるという、釣合の条件を利用する。

$(R_A \times 10\text{m}) − (10\text{N} \times 4\text{m}) − (5\text{N} \times 2\text{m}) = 0$

$R_A = \dfrac{(10 \times 6 + 5 \times 2)}{10} = 7\text{N}$

49 解答 ▶ ① ★★

流量 Q = 通水断面積 A × 流速 v
$Q = (2 \times 0.6) \times 0.8$
$= 0.96 \text{ m}^3/\text{s}$

50 解答 ▶ ③ ★

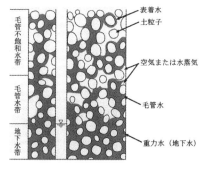

ア：土粒子の表面に付いている水を表着水という。イ：毛管水帯で毛

管作用によって保持されている水を毛管水という。ウ：地下水帯には重力によって水が移動し地下水として保持されている。

選択科目［環境系・林業］

41　解答▶②　★★★

第2次世界大戦後に荒廃した国土を緑化するために、針葉樹の植林が進められ、昭和30年代以降は1,000万haの人工林が形成された。しかし、日本全体の森林面積では、約50年前（1970年頃）と比較して、人工林は増加しているが天然林は減少しており森林全体の面積はほとんど変わらない。1966年が2,517万haで、2017年が2,505万ha（約0.5%減）となっている。

42　解答▶④　★★

南北に長い日本列島では、気温によって森林の様子が変化する。これを植生の水平分布という。①亜寒帯林はモミ類などの常緑針葉樹、②亜熱帯林はイスノキやスダジイなどの常緑広葉樹を中心にアコウやガジュマルなどのクワ科樹木、木生シダなどからなる。③暖温帯林(照葉樹林)はカシ類などの常緑広葉樹が主として生育している。

43　解答▶②　★★

森林土壌とは森林の地表にある地上の生物活動を支える土壌のこと。①ポドゾルは、寒冷湿潤な亜寒帯や亜高山帯の針葉樹林帯に多くみられる強酸性の土壌、③赤色土と④黄色土は、熱帯から亜熱帯地方の高温多雨の気候下で生成される土壌。

44　解答▶①　★★

森林法では、特定の公共的な役割をもつ森林を保安林としている。保安林の面積で一番多いのは水源かん養保安林であり、7割以上を占める。②保安林の面積は年々増加している。③保安林の種類は17種類に上る。④保安林制度は森林法において定められている。

45　解答▶③　　　★★★
　日本の森林面積を所有形態別に分類した場合、その約6割は個人や企業などが所有している私有林で、約3割は国が所有する国有林、残りの1割が都道府県や市町村などが所有する公有林である。

46　解答▶④　　　★
　①枝打ちは、無節の通直・完満な材を生産するため、不要な枝を切り取る作業。②皆伐は、育成した樹木をすべて一斉に伐採すること。③除伐は、育成しようとする樹木以外の木を切り除く作業。

47　解答▶①　　　★
　②皆伐法は林木のすべてを一時に伐採する方法。③漸伐法は数回に分けて伐採、3回の伐採を基本とすることから三伐ということもある。④母樹保残法は一部の成木を種子散布のために残し、ほかは伐採する。

48　解答▶②　　　★★
　森林内の樹木の本数や大きさ（幹の直径や樹高）をすべて測定するには多くの手間がかかるため、標準値を設定し、その範囲内の樹木のみを測定し森林全体の樹木の本数や大きさを決定する方法を標準地法という。標準地は10m×10mなどとする場合が多い。標準地を選ぶ場合は、類似した林相の部分がひとまとめになるよう区分して選ぶ。③すべての木を測定するのは毎木調査法。

49　解答▶④　　　★★
　チェーンソーに利用する燃料は混合燃料と呼ばれる、ガソリンとエンジンオイルと混ぜ合わせたもの。ガソリンとエンジンオイルの混合割合は50：1、40：1、25：1など。エンジンオイルを混ぜないとエンジンの焼き付きなどが起こり、エンジンが故障してしまう。

50　解答▶③　　　★★
　高性能林業機械とは、従来の林業機械に比べて、作業の効率化、身体への負担の軽減等、性能が著しく高い林業機械。図はタワーヤーダで架線を使って集材する自走式機械。ハーベスタは立木の伐倒、枝払い、玉切り、集積を一貫して行う。フォワーダは林内の作業道等において木材を荷台に搭載し集材・運搬する。プロセッサは材を枝払い、一定の長さに玉切り（造材）する。運材とはトラックにより木材を市場や製材工場へ運ぶこと。

2022年度 第2回 日本農業技術検定3級 解説

(難易度) ★：やさしい、★★：ふつう、★★★：やや難

共通問題［農業一般］

1 解答▶② ★★

　光合成は、植物や藻類など光合成色素をもつ生物が光エネルギーを炭水化物として貯蔵する反応で、生物界のエネルギー循環の始まりともいえる。緑色植物では、光エネルギーを葉緑体で受容して根から吸収した水と葉の裏の気孔から吸収した二酸化炭素から炭水化物を合成し酸素を排出する。

2 解答▶④ ★★★

　植物を構成する元素は、全部で17元素（必須17元素）あるが、そのうち炭素（C）、酸素（O）、水素（H）、窒素（N）、リン（P）、硫黄（S）、カリウム（K）、カルシウム（Ca）、マグネシウム（Mg）の9種を必須多量元素という。残りの鉄（Fe）、マンガン（Mn）、ホウ素（B）、亜鉛（Zn）、銅（Cu）、モリブデン（Mo）、塩素（Cl）、ニッケル（Ni）の8元素を必須微量元素という。

3 解答▶③ ★★

　自然界の植物の繁殖方法には、親株が開花、結実して出来た種子から繁殖する種子繁殖と親株の根や茎、葉等の一部から次の世代が繁殖する栄養繁殖がある。一般に、種子繁殖は、一度に大量の種子が得られるが親株と同一の形質が得られるとは限らない。栄養繁殖は、短期間に親と同じ形質の個体が得られるが、ウイルス対策が必要になる。また、イチゴやサツマイモ、ジャガイモ等、種子はできるが栄養繁殖で栽培する農作物も多い。

4 解答▶① ★★★

　種子が発芽するには、発芽に必要な水分や温度、酸素などの環境条件を満たす必要がある。したがって、発芽能力を保つ（発芽させない）ためには、環境条件を満たさなければよい。一般的に、低温、乾燥、光のない条件下で保管することで種子の寿命は延びる。

5 解答▶③ ★

　②干害は夏季などに日照りによって発生する気象災害。①寒害とは、晩秋から早春にかけて低温等により果樹や越冬する野菜等に起こる生理的障害をいう。④凍害は晩秋から早春にかけて異常な低温により農作物や果樹の若芽が凍結して場合によっては枯死する生理的障害をいう。発生の仕組みは、寒害と同様になる。冷害の例として北日本（主に東北地方太平洋側）で起こる「やませ」がある。6月～8月にかけて吹く冷たく湿った東寄りの風のこと。「やませ」が続くと日照不足と低温により水稲栽培に大きな影響が出る。

6 解答▶② ★★

　団粒構造とは、土の粒子が小粒の集合体を形成している構造をいう。団子状になった大小の土の塊が混ざり合い、適度な隙間ができる。このような土は、柔らかく通気排水に優れ有用微生物が多く繁殖することになり作物の根が伸長しやすくなり栽培に適した土となる。団粒構造の形

成には、たい肥等の有機物を施用して土中の腐植を増やすことが重要となる。また、全国に分布している火山灰が風化して出来た土壌、黒ボク土は天然の団粒構造土壌と言われている。

7　解答▶③　　　　　　★★
①鎮圧は、播種後に覆土し、軽く押さえつける作業のことである。②整地は、土のかたまりを細かく砕いて砕土した後に、地面を平らに整える作業のことで、砕土と同時に行うことが多い。耕起・砕土・整地をあわせて耕うんという。④畑に作物を植えるために土を盛り上げることを畝立て（畝づくり）という。水はけと通気性を良くして農作物の生育を促す目的がある。

8　解答▶④　　　　　　★★
無機物から化学合成により生成した肥料を化学肥料という。これに対して、油かすや動物の糞等生物がもとになっている肥料を有機質肥料という。硫安は代表的な窒素肥料であり、$(NH_4)_2SO_4$の化学式で示される硫酸アンモニウムである。

9　解答▶①　　　　　　★
①③緩効性肥料は、効果が緩やかに長く続く肥料で、成分が溶け出す量を調整した肥効調節型肥料という。②速効性肥料は、液体肥料などで施すとすぐに効果が現れるが、効果は長く続かない。④遅効性肥料は、効果が現れるのは遅いが、長期間持続する肥料である。

10　解答▶②　　　　　★★
よう成リン肥（ようリン）に含まれるりん酸成分は20%なので、Xkg×0.2（20%）＝20kgにより、Xkg＝20÷0.2＝100kgとなる。

11　解答▶④　　　　　★
マメ科植物のダイズやレンゲソウ等は、根に根粒菌が寄生し根粒を作り増殖する。根粒菌は空気中の窒素を固定して宿主である植物に窒素を供給する共生関係がある。このため、ダイズ栽培では、窒素の施肥量は少なくなり、また、レンゲソウは緑肥になる。

12　解答▶②　　　　　★
アブラナ科植物の特徴のひとつに花の構造がある。花は4枚の花弁で構成され、花弁が十字架状に配置されるため、かつては十字花科とも呼ばれていたが現在は原則としてアブラナ科に統一されている。

13　解答▶③　　　　　★
作物の根もとを、ポリエチレンフィルムや稲わらなどで覆うことをマルチングという。マルチングには（1）地温を調節する、（2）土壌水分の蒸発を防ぐ、（3）雨水のはね返りによる茎や葉の汚れを防ぎ、病害虫の発生を抑える、（4）雑草の発生を抑える（透明マルチは除く）、（5）土壌養分や表面土壌の流失を防ぐ等の効果がある。

14　解答▶④　　　　　★★
スギナはシダ植物に属するトクサ科の多年草で幼名を土筆（つくし）といい食用にもなる。畑地や果樹園での発生が多く、繁殖力が強く駆除が極めて困難な雑草である。カタバミは、地面に沿って茎を伸ばし広がる。春～秋にかけて黄色の小花が付く成長が早く繁殖力が高く根が深く駆除が困難な雑草。シロツメクサは、牧草として導入されたが環境適応性が高く土さえあればどこでも繁殖する。根粒菌と共生するので緑肥としても利用される。ギシギシは、大型の雑草で環境適応性が高くどこでも繁殖する多年草で冬でも枯れない。耕うんして切断された根からも再生するので駆逐が困難な雑草。

15 解答▶③ ★★

ひとつの農地で1年間に1種類の作物を栽培する方法を一毛作、同じく2種類の作物を栽培する場合は二毛作という。①は混作で、同時期に2種類以上の作物を同時に栽培すること。②は連作で、同じ農地に同じ作物を連続して栽培することであり、毎年の連続栽培で生育が悪くなったり、病害虫被害が大きくなる連作障害を起こしやすい。⑤は輪作で、複数の異なった作物を順序を決めて栽培して、これを繰り返す方法である。栽培する作物の組み合わせを工夫することで連作障害の防止になる。

16 解答▶② ★★★

ウリハムシは、別名ウリバエとも呼ばれる。主にキュウリやスイカ等ウリ科の葉や根を食害する。食害により株が弱り枯死することもある。ヨトウムシはヨトウガやハンスモンヨトウ等の幼虫で多くの農作物の葉等を食害する。昼間は地中に潜み夜行性であることから夜盗虫の名がある。コガネムシ類は種類が多く、幼虫は、苗木や根菜類の根を食害し、成虫は広葉樹や果樹などの葉を食害する。

17 解答▶② ★

物理的防除とは被覆資材、粘着資材、熱、色、光等を活用して、主に害虫を防除する方法をいう。生物的防除とは、病原菌や害虫の天敵となる微生物や昆虫類、性フェロモン等を用いて病害虫の防除を行う方法をいう。化学的防除とは殺菌剤や殺虫剤等化学薬剤を使用して病害虫の防除を行う方法をいう。耕種的防除とは、作物の栽培法や品種、圃場の環境条件などを適切に選択して、病害虫が発生しにくい条件を整え、作物の持つ能力を引き出し発生抑制や被

害軽減を行う方法をいう。また、これらの防除方法を組み合わせて総合的に病害虫を防除する方法をIPM防除（総合的防除）法という。

18 解答▶③ ★★

植物が病気に罹るときには以下の3つの条件がそろう必要があるといわれている。それらは、④主因（病原体）、①素因（植物の病気への罹りやすさ）、③誘因（発病するための環境要因）と呼ばれる。病害の防除とは、この3つの要素のひとつ以上を排除することである。

19 解答▶④ ★★

うどんこ病は、バラや多くの野菜の葉や茎の表面にうどん粉をまぶしたように白いかびが発生することからこの名がある。葉の表面が覆われると光合成が阻害され生育不良となり枯死することもある。軟腐病は、ジャガイモやタマネギ、アブラナ科野菜等極めて多くの野菜類で発生し、軟化腐敗させて悪臭を放つ。白さび病は、ハクサイ等多くのアブラナ科野菜で発生し、葉や茎、花に白い病斑を作り品質を低下させる。灰色かび病は野菜、草花、果樹等多くの植物の葉、茎、花、果実等に発生する。発病した部分の組織が枯れて灰色のカビが密生するため、生育が阻害され収量や品質が低下する。

20 解答▶② ★

通常、ニワトリのふ化は、ふ卵器に有精卵を入れて温度を37.8℃、湿度60％の環境で21日間管理するとふ化する。ふ卵器に卵は鈍端部を上にして置き、ふ卵中は定期的に胚が卵殻膜に癒着しないよう動かすが、これを転卵という。同時に光を当てて、発育中止卵や無精卵を取り除くが、これを検卵という。

21 解答▶① ★

ブタ、ニワトリは雑食で、ウマ、

ウシ、ヒツジは草食である。ウシやヒツジ等多くの草食動物は食べた草を消化するため複数の胃（反すう胃）を持ち反すう類に分類される。同じ草食動物のウマだが、胃はひとつしかないが、草を消化するため直腸や盲腸が大型化している。

22　解答▶④　　　　　　★★

①ブタは、皮膚が厚く汗腺が退化しており、汗を出して体温を調節することができないため暑さに弱いが、体に脂肪を蓄えやすいため比較的寒さに強い。②ウシには、胃が4つあり、一度飲み込んで胃に入った食べ物を口に戻して再び噛む反すう動物である。また4つある胃の中で、胃液が分泌され胃としての働きをするのは第4胃である。③乳牛の搾乳は1日2回が一般的である。

23　解答▶③　　　　　　★

ダイコンの根には、ビタミンCやカルシウムのほかに、デンプンなどを分解する働きのある酵素のアミラーゼが多く含まれている。プロテアーゼはタンパク質分解酵素で動物、植物に限らずほとんどの生物が持っている酵素。リパーゼは脂質を分解する酵素で、動物では胃液等の消化液に含まれるが、すべての生物に存在している。オキシダーゼは、酸化還元酵素の一種で生体内で行われる酸化反応を触媒する酵素の総称。

24　解答▶③　　　　　　★★★

腸炎ビブリオは魚介類及び加工品を汚染し、激しい腹痛や下痢を伴う感染性胃腸炎を発症させる。病原大腸菌には、5つの種類があり汚染された食肉類や野菜、不衛生な調理器具等が原因となり腹痛や発熱を伴う食中毒を起こす。サルモネラは、人や牛等の家畜の腸内、イヌ等のペット、河川等自然界に分布している細菌。汚染された牛等の食肉、生卵が原因となり腹痛や下痢を伴う食中毒を起こす。これらの菌はいずれも70℃以上、30分以上の加熱で死滅する。ボツリヌス菌は自然界で最強の毒素といわれる嫌気性細菌。汚染されたビン詰や缶詰、保存食品等が原因になって吐き気やおう吐、言語障害等を伴う食中毒を起こし場合によっては死亡することもある。この菌を死滅させるためには120℃以上4分間以上（または100℃以上6時間以上）の状態で加熱する必要がある。

25　解答▶④　　　　　　★★★

①のチルドとは、－5℃～5℃の温度帯で行う貯蔵方法。②のパーシャルフリージングは、凍結点から－5℃の温度帯で貯蔵される方法。③のフリーズドライとは、真空凍結乾燥のこと。④のCA（Controlled Atmosphere）貯蔵とは、貯蔵庫内の空気中の酸素を減らして二酸化炭素を増やし温度を低く保つ貯蔵法。このことで青果物の呼吸量を低下させ糖や酸の消耗を防ぎ通常の冷蔵保存に比較して鮮度保持の期間が大幅に長くなる。リンゴの貯蔵法として研究され、ナシやカキ等にも利用されている。

26　解答▶①　　　　　　★

②は病気を治す薬と食べ物は、本来根源を同じくするものだという考え。③は生態系・生物群系または地球全体に、多様な生物が存在していること。④は健全な食生活が実践できる人間性を育むこと。

27　解答▶④　　　　　　★★

①は事業者が食品を取り扱った際の記録を作成し保存して、食品の移動を把握できること。②は食品等の事業者自らが原材料の受入れから最終製品までの各工程ごとに、危害要

因を分析した上で、危害の防止につ
ながる特に重要な工程を継続的に監
視・記録する「工程管理システム」。
③農薬等の使用を認める物質のリス
ト（ポジティブリスト）を作成し、
使用を認める物質以外は使用を原則
として禁止する規制の仕組みをい
う。

28　解答▶③　　　　　　　　★

　里山は、人が暮らしている周辺の
低山で人の暮らしに関わりの深い林
や竹林をいう。本州中部の暖温帯で
はコナラやクヌギを中心とした落葉
樹や竹で構成されている。コナラや
クヌギは、萌芽力が強く、概ね30年
周期で伐採して薪炭やシイタケなど
の栽培原木として持続的に利用され
人が関わることで維持されている二
次林である。近年は周辺の水田や
畑、ため池や小川などを含めて「里
山」もしくは「里地里山」と呼び、
日本の原風景としてその価値が高
まっている。

29　解答▶①　　　　　　　　★

　近年、グリーン・ツーリズムの一
形態である農泊もさかんに行われて
いる。②は家庭で行われる造園や園
芸の一種のこと。③は植物を利用し
て人間の快適性を向上させること。
④は他産業に従事する人が、定年退
職後に農業に従事すること。

30　解答▶①　　　　　　★★★

　京都の「聖護院ダイコン」や山形
県の枝豆「だだちゃ豆」など、ある
地域で、生産者により長く自家採種
が続けられて種子の保存継承が行わ
れている作物を在来作物(伝統作物)
と呼ぶ。このような作物は、採種の
方法や栽培方法、種子の保存方法等
が地域や生産者独特の方法であるこ
とが多いことから、近年は「生きた
文化財」と呼ばれることもあり、地
域の知的財産として見直されてい
る。

選択科目 ［栽培系］

31　解答▶②　　　　　★
　ウリ科のキュウリは雄花と雌花が別々の雌雄異花である。ほかにトウモロコシ、クリなどがあり、雌雄異株のキウイ、ギンナンなども雌雄異花である。

32　解答▶①　　　　　★
　トウモロコシは風媒花である。④ダイズはほとんどが自家受精だが、まれに虫媒によって自然交雑することがある。②スイカは虫媒花であるが確実に着果させるためには人工受粉を実施する。③イチゴは虫媒花。

33　解答▶④　　　　　★
　ジャガイモは低温などにより、一般の作物が不作・凶作となるような年にも比較的安定して生育し、収穫できる作物で、『救荒作物』と呼ばれ、日本各地に栽培が広がった。

34　解答▶③　　　　★★★
　①植え付け直後はやや深水にする。②活着後は分げつを増やすためやや浅水にする。④登熟前期は間断かんがいを行い、後期には落水する。

35　解答▶④　　　　　★★
　イネの種子はもみがら、胚、胚乳で構成される。イネは発芽する際に、胚乳に蓄えた貯蔵養分のデンプンを分解してできた糖を胚に供給し、胚から発芽、発根して植物体となる。

36　解答▶②　　　　★★★
　①複葉、②初生葉、③子葉、④小葉を示している。葉は、発芽時に発生する子葉と、続いて発生する初生葉、3枚の小葉でできている複葉に分けられる。複葉は1枚の葉であるが、3枚の葉のように見える。

37　解答▶①　　　　　★★
　キュウリは肥大中の未熟な果実を収穫し利用する。

38　解答▶②　　　　　★
　トマトは第1花の分化後、3葉ごとに花房をつける。

39　解答▶①　　　　★★
　写真はウリハムシ。おもにキュウリなどのウリ科の植物の被害が大きい。

40　解答▶①　　　　★★
　種皮がかたく、発芽しにくい種子を硬実種子という。大粒種子のエンドウマメ、インゲンマメなどを除いたマメ科植物で多くみられ、アオイ科(タチアオイ)、カンナ科(カンナ)、ヒルガオ科(アサガオ)、アカバナ科(マツヨイグサ類)、フウロソウ科(ゼラニウム) などでもみられる。剥皮や薬品処理(濃硫酸に5分浸漬など)などで発芽を促すことができる。

41　解答▶③　　　★★★
　ペチュニアはナス科の一年草であり、様々な品種が作出されている。春から秋まで開花期は比較的長いが、雨に弱い。①ヒャクニチソウ、②ニチニチソウ、④ダリア。

42　解答▶③　　　　★★
　①サルビア（シソ科）、②ケイトウ（ヒユ科）、③ハボタン（アブラナ科）④パンジー（スミレ科）である。

43　解答▶④　　　★★★
　シンビジウムは亜熱帯アジアを原産とし、大小様々な園芸品種が作出されている。比較的耐寒性があり、早春の花として人気がある。

44　解答▶③　　　　★★
　さし穂の調整で、葉は2〜3枚程度残してさす。多すぎると葉から蒸散する水分量が多くなり、枯死する。葉をすべて取り除くと、発根を促す植物ホルモンが形成されにくいため、発根しにくい。さし穂の前処理で充分に吸水をさせる。作業が終わったら直射日光を避け、湿度を高くして発根を促す。

45 解答▶④　　　　　　　★★
　ピートモスは寒い地方でミズゴケが分解せずに堆積・変質したもので、酸性が強い。①鉱物を高温で加熱処理したもので清潔・軽量、②針葉樹の樹皮、③広葉樹の落ち葉を堆積・腐熟させたもの。

46 解答▶③　　　　　　　★★
　①はウメ、②はリンゴ、③はウンシュウミカン、④はブドウである。ウンシュウミカン以外は落葉性果樹である。

47 解答▶②　　　　　　　★★
　写真は開花前のモモの枝の写真である。この時期のモモの栽培管理法は、蕾（つぼみ）を摘む摘らい作業により、結果調節を行う。摘花は開花時、摘果は結実後に行う。摘葉は着色管理として着色前に着色向上を目的に行うこともある。

48 解答▶①　　　　　　　★★★
　ナシは同じ品種では結実しない自家不和合性のため、他の品種の花粉が必要である。イチジクやウンシュウミカンは受粉しなくても結実・肥大する単為結果性がある。ブドウは単為結果性がある品種もあるが、多くは自家受粉して結実する。また、ジベレリンなどを処理して種なし果実を生産することもできる。

49 解答▶②　　　　　　　★★
　イチゴは、親株から発生するランナーの先にできる子株を植え付け苗とする。①④種子繁殖、③種いもを分割して植え付ける。

50 解答▶④　　　　　　　★★
　ロータリは、トラクタのロータリ専用の駆動軸またはPTO軸に取り付け、動力で回転させて耕うん作業を行うものである。1本の耕うん軸に多数の耕うんづめを取り付けて高速で回転させる。①ディスクハローは整地作業機、②バインダは、収穫期を迎えたコメやムギの刈り取りと結束を同時に行うことができる収穫作業機、③すきは耕起作業機である。

選択科目［畜産系］

31 解答▶④ ★

①ヒツジ、②ヤギ、③ウマは季節繁殖性の動物である。ヤギ、ヒツジは秋に繁殖期を迎え、ウマは春〜夏にかけて繁殖期を迎える。ウシやブタは1年中繁殖が可能な周年繁殖動物であり、約21日間隔で発情を繰り返す。

32 解答▶① ★★

白色レグホーン種は卵用種、白色コーニッシュ種は肉用種、横はんプリマスロック種、ロードアイランドレッド種、名古屋種が卵肉兼用種である。名古屋種は、比内鶏、薩摩鶏と並ぶ日本三大地鶏である。

33 解答▶③ ★★

卵管の漏斗部で卵黄の表面にカラザが形成される。膨大部、峡部と子宮部で卵白、殻膜と卵殻が順次形成される。

34 解答▶② ★★

卵黄のう中に未吸収の卵黄が残っており、ふ化後1〜2日はこれを栄養源として利用し、それ以降は、えづけ用飼料を半練りにしたものを与える。①ふ化したひなの平均体重は40g前後である。③体温調整能力が低く寒さに弱いので注意が必要である。

35 解答▶③ ★★★

①ウィンドウレス鶏舎では通常14時間照明で明るい時間がほぼ一定になるように保つ。②③日長時間が長くなると下垂体前葉の性腺刺激ホルモンの分泌が促進され、このホルモンの刺激を受けて卵巣のエストロゲン分泌も高まる。④産卵鶏では、日長時間が短くなると産卵機能が低下する。

36 解答▶② ★★

①鶏卵は、卵黄と卵白、卵殻膜、卵殻からできているが、卵白にはタンパク質が多く、卵黄には脂質が多い。③胸肉とささみには、白色筋線維が多い。これに比べて、もも肉には赤色筋線維が多いので、赤色が濃い。④卵を割ったときに、濃厚卵白が多くて卵白の広がりが少なく、卵黄は濃厚卵白に囲まれて盛り上がっているものがよい。

37 解答▶④ ★★

④バークシャー種が中型種、①②③は大型種である。

38 解答▶③ ★★★

（ア）子宮角、（イ）卵巣、（ウ）子宮体、（エ）ぼうこうである。

39 解答▶① ★★

出生時の子豚は体脂肪が少なく、寒さに弱いので十分な保温管理を行う。子豚は体内に抗体を持っておらず、免疫成分を含んでいる初乳から移行抗体として摂取する。生後1週間くらいからえづけとして人工乳飼料を給与しはじめることから、軟便や下痢になりやすいため、注意が必要になる。

40 解答▶② ★★

肥育豚は1.2kg程度で生まれ、6か月前後で100kg程度になり出荷される。

41 解答▶③ ★★★

病原菌は原虫である。症状は子豚の場合、急に発熱し、食欲がなくなり、呼吸困難となる。成豚は発病しない。②細菌は豚丹毒や豚赤痢など、③外部寄生虫はシラミやダニなど、④ウイルスは豚コレラや口蹄疫などがあげられる。

42 解答▶① ★

乳用種はホルスタイン種、ジャージー種、ブラウンスイス種など。肉用牛（海外産）はヘレフォード種、アバディーンアンガス種など。肉用牛（和牛）は黒毛和種、褐毛和種、

日本短角種、無角和種。

43　解答▶④　　　★★★

　1Lの乳を生産するためには、400～500Lの血液が流れる必要がある。

44　解答▶③　　　★★★

　①は乳排出を促すホルモン。②は卵巣から分泌され、発情兆候を示す。④は妊娠維持に関わるホルモンである。

45　解答▶②　　　　★

　日本では凍結精液を用いた人工授精がほとんどで、人工授精による交配は、発情開始後12～16時間後が受胎率がよいとされる。受精卵移植において乳牛から和牛子牛の生産は実用技術として行われている。

46　解答▶①　　　　★

　②初生子牛は反すう胃が発達しておらず、固形飼料を与えても十分に消化できない。③乳牛は乳汁が生産物のため、人工哺乳で育成することが多い。④反すう胃の発達は固形飼料を早い時期から給与することで促される。

47　解答▶①　　　★★★

　褐毛和種。②はシャロレー種、③はジャージー種、④はブラウンスイス種についての説明である。

48　解答▶③　　　★★

　コクシジウムは寄生虫が原因の病気で、成牛や哺乳中の牛は発症しにくい。予防として衛生管理が重要で、治療として薬剤投与等がある。

49　解答▶②　　　★★★

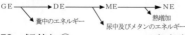

50　解答▶④　　　★★★

　写真はロールベーラによる作業の様子である。牧草の収穫作業はモーアコンディショナで刈り取り、テッダで乾燥させ、その後レーキで集草し、梱包する。

選択科目［食品系］

31　解答▶②　★

「文明の行くところ小麦あり」と言われるようにヨーロッパや中東の文明が世界に広がるにつれ、インドを経て中国に伝えられるなど小麦文化も拡大していく。小麦は外皮が固く粒のままでは食べにくい穀物であるが、小麦を挽いて粉にする事が発見されたため、小麦はパンになり麺になる道が開かれた。

32　解答▶④　★★

もち米の特徴は、米粒が短く、炊くと粘りが非常に強く、アミロース含量が0～2％と非常に少なく、④のデンプンはアミロペクチンからなる。①の米粒が細長く、②の炊飯後もかたく、パサパサするのは、うるち米のインディカ種、③のアミロース含量が18％前後なのは、うるち米のジャポニカ種である。

33　解答▶①　★★★

①の卵黄は水分を約50％、タンパク質を約15％、脂質を約30％含む、黄色卵黄と白色卵黄が交互に同心円状の層をなしている。②の気室は2層になっている卵殻膜のうち卵殻に密着した膜から内側の膜が分離してできた空間を指し、卵の鈍端に多く見られ、卵の水分が卵殻を通して蒸発し、気室の増大が起こる。③の卵殻は炭酸カルシウムを主成分とする殻で、卵の内部を保護している、表面にある多数の気孔を通し、呼吸によるガスの出入りや水分の調節が行われている。④の卵白は水分を88％、タンパク質を約10％含み、卵黄を振動や温度変化、微生物の侵入から保護している。卵が古くなると、濃厚卵白が減少し、水様卵白が増加する。

34　解答▶④　★★

仁果類は主にリンゴ属やナシ属などで、大木・潅木の果実及び温暖な気候で生産される仁果様の果実を収穫するもの。種とそれを包む羊皮紙状の心皮で構成される芯を果肉が包んでいるのが特徴。①のレモンは準仁果類、②のブドウはしょう果類、③のモモは核果類に分類される。

35　解答▶③　★★★

③のカロテノイドは植物の葉や茎・果実、動物や魚の卵、牛乳・バターなどに広く分布する。黄橙色から赤色の脂溶性色素で、カロテン類とキサントフィル類に大別される。①のクロロフィルは植物に含まれる緑色の色素、②のアントシアンはフラボノイド系に属し、赤、紫、青などの色調を示す。④のフラボノイドは、ほとんどの野菜や果実に含まれ、無色あるいは淡黄色、黄色を示す。

36　解答▶①　★

スポンジケーキは鶏卵の起泡性を利用して、小麦粉生地をスポンジ状に焼き上げた菓子である。②のマヨネーズは卵黄の乳化性を利用し、③のピータンはアルカリと食塩の作用によりつくられ、④の温泉卵は、卵白と卵黄の凝固する温度差によりつくられる。

37　解答▶③　★★★

こんにゃくの原料はコンニャクイモである。これは、サトイモ科の多年生植物を2～3年栽培し、収穫した球茎である。主成分のグルコマンナンは、吸水性が大きくアルカリ性（炭酸ナトリウム・水酸化カルシウム添加）になると凝固する。この性質を利用して、こんにゃくをつくる。

38　解答▶②　★★

冷凍野菜の製造で細胞壁の軟化と酵素の失活を目的に、野菜を熱湯あるいは水蒸気で行う加熱処理をブラ

ンチングという。①の食品加工における
ディッピングとは、原料となる
野菜・果物を薬液やオイルなどに浸
け込み、処理すること。干しぶどう
製造では原料を0.6％水酸化ナトリ
ウムに浸け込んで果皮表面のロウ物
資の除去と皮に傷をつけ乾燥しやす
くするソーダディッピングや果皮を
柔らかくして、表面に光沢を出すた
め、3％炭酸水素ナトリウムを含む
オリーブ油に1〜3分浸けるオイル
ディッピングが行われる。③のド
リップは冷凍野菜などが氷の結晶で
細胞が破壊され、流れ出る細胞内容
物を言う。④のファーメンテーショ
ンは発酵のこと。

39　解答▶②　　　　　★★★
　バター製造では、①の遠心分離に
よりクリームを集め、殺菌・冷却し
た後、4〜5℃に10時間程度保存し、
脂肪を徐々に結晶化させる。これを
②のエージングという。エージング
したクリームは③のチャーニングに
よりクリームの中の脂肪をバター粒
子に変える。さらにバター粒子を集
めて、均一に練り合わせる④のワー
キングを行いバターとなる。

40　解答▶④　　　　　★★★
　ドレッシングの日本農林規格では
半固体ドレッシングのうち、マヨ
ネーズは、原材料および添加物に占
める食用植物油脂の重量の割合が
65％以上と定義されている。　②の
10％以上50％未満のものは、サラダ
クリーミードレッシングである。

41　解答▶②　　　　　★★
　ソーセージ類は、豚などのひき肉
に脂肪を加え、調味料や香辛料で味
付けしたあと、ケーシングに詰めて
くん煙し、湯煮したものである。豚
腸または製品の太さが20mm以上、
36mm未満の人工ケーシングに詰め
たものは、②のフランクフルトソー

セージである。

42　解答▶③　　　　　★★
　穀物にかび（糸状菌）に属する麹
菌を繁殖させたものが③のこうじ
で、米こうじ・麦こうじ、豆こうじ
がある。麹は、原料中のタンパク質
やデンプンを分解する。ヨーグルト
は乳酸菌（細菌）、納豆は納豆菌（細
菌）、パンは酵母が主に関与する。

43　解答▶①　　　　　★★★
　エチレンは追熟ホルモンともいわ
れ、ごく少量で、青果物の呼吸量を
増加させたり、クロロフィルの分解
や糖度の増加を促進するなどの作用
があるため、エチレンを除去すると
鮮度保持期間が長くなる。①のグリ
シン、③のセリン、③のメチオニン
はアミノ酸であるため植物ホルモン
の効果はない。

44　解答▶④　　　　　★
　食品衛生法第1章総則第1条の条
文は「食品の安全性の確保のために
公衆衛生の見地から必要な規制その
他の措置を講ずることにより、飲食
に起因する衛生上の危害の発生を防
止し、もつて国民の健康の保護を図
ることを目的とする。」とされてい
る。

45　解答▶④　　　　　★★★
　生乳を120〜130℃で2〜3秒間加
熱する殺菌方法はUHT法である。
① LTLT法は保持式により
63〜65℃で30分間、② HTLT法は
保持式により75℃以上で15分以上、
③ HTST法は72℃以上で連続的に
15秒以上加熱する方法である。

46　解答▶③　　　　　★★
　乳中に含まれる脂肪球を細かく砕
く均質化で使用する機器はホモジナ
イザーである。①のクラリファイ
ヤーは乳中のほこりや異物を除き、
②のチューブラーヒーターは均質化
の前に50〜60℃に予熱し、④のプ

レートクーラーは殺菌後の牛乳の温度を急速に下げる機器である。

47 解答▶② ★

異物混入のクレームのなかでは毛髪の混入が多い。①これを防止するには人がかかわる作業工程を少なくすること。②の毛髪が落ちないよう、定期的な洗髪と清潔な帽子・作業衣を着用することが必要である。③のバンダナなどは毛髪を完全に覆うことができず、毛髪が出ているので落下、混入する可能性がある。④の作業服はボタン・ポケットの無いものを着用する。メモ紙や筆記用具は混入する可能性があり、工場内に持ち込まない。

48 解答▶③ ★

食品表示法に基づく食品表示基準で、食物アレルギーを引き起こす特定原材料7品目として、加工食品への表示が義務づけられているのは、エビ・カニ・小麦・ソバ・卵・乳・ラッカセイであり、アワビ・イカ・イクラ・オレンジ・サケ・サバ等は特定原材料に準じるもの20品目に該当する。

49 解答▶① ★★

食品の包装材料には、ガラス・金属・紙・プラスチック・木製品などいろいろなものが使われているが、耐熱性・耐寒性が低く、急な温度変化に弱く、重量が重い、熱伝導率が低い、破損しやすい等の欠点があり、化学的に安定のため中身の品質変化が少なく、製造コストも安価で、回収して再利用可能な容器の材料は、①のガラスである。

50 解答▶③ ★★★

容器包装リサイクル法は、家庭から出るごみの6割（容積比）を占める容器包装廃棄物を資源として有効利用することにより、ごみの減量化を図るための法律である。すべての人々がそれぞれの立場でリサイクルの役割を担うということがこの法律の基本理念であり、①の消費者は分別排出、③の市町村は分別収集、事業者は再商品化を行うことが役割となっている。

選択科目 ［環境系・共通］

31 解答▶③ ★★

平板は製図作業をするのに適した高さに（一般的には腹の高さ）にすえる。標定を要領よく行うには、最初に標定の３条件をほぼ満足するように平板を測点上に据える。その後、整準・致心・定位の操作を正確に行う。標定の３条件のうちでは、定位のくるいが誤差に大きく影響し、図がねじれてくる。

32 解答▶④ ★★★

水準測量の誤差には、個人誤差として、・標尺が鉛直でない・標尺の読みが正確でない、がある。器械誤差には、・視準線と気ほう管軸が平行でない・標尺の目盛が正しくない・標尺の０目盛と底面が一致しない、がある。自然誤差には、・三脚やもりかえ点の沈下・かげろうによる誤差・直射日光によりレベルの気ほうがくるう・地球の曲率による誤差・光の屈折による誤差、がある。

33 解答▶② ★★

写真はディバイダである。２本の針状の脚をもち、スケールからの寸法の移動や円弧の等分割に用いる用具である。ディバイダ（divider）とは分配、分割の意味がある。

34 解答▶④ ★★★

極相林の上層部に太陽光線を直接受ける高い木の枝葉が茂っている部分を林冠という。それらの木が枯れたり倒れたりすると林冠が破れて林床まで太陽光線が届く空間ができる。この空間をギャップという。極相林では小破壊と再生が繰り返されている。

35 解答▶③ ★

私たちは森林からさまざまな恩恵を受けており、これを総合して「森林の公益的機能」という。①森林内の降水は土壌のすき間に保たれる。②森林は「緑のダム」と言われており、森林の土壌が水をたくわえている。③時間をかけて少しずつ河川に流し、河川の水量を平準化する。④森林土壌を通過するあいだに汚れを除去し、きれいな水にする水質浄化機能がある。

36 解答▶① ★

日本の国土面積は約3,730万 ha で、森林面積は約2,505万 ha、国土に占める森林の割合（森林率）は67%である。

37 解答▶④ ★

チェーンソーは、多数の小さな刃がついたチェーンを動力により回転させて鋸と同様に対象物を切ることができる動力工具。樹木を伐採（伐倒）したり、丸太を玉切りしたり、伐倒後の枝を払ったりするが、立木の状態で枝打ちには使用しない。日本国内で業務として用いる場合は、労働安全衛生法で定められている特別教育を受講する必要がある。

38 解答▶③ ★

間伐により、樹木が適当な間隔になり、樹木の成長が促進されるとともに、地表に光が届き下層植生発達が促進され、水源かん養機能、土砂災害防止機能、生物多様性保全機能などが増進する。

39 解答▶① ★★

樹木の樹冠の頂端から根鉢の上端までの垂直高をいう。一部の突出した枝や徒長枝は含まない。公共工事の造園樹木の寸法規格には、樹高、幹回り、樹冠幅、枝下などがある。

40 解答▶② ★★★

細い実線は、寸法線、寸法補助線、引出線などに用いられている。①太い実線は外形線に用いられる。③太い一点鎖線は特殊指定線に用いられる。④細い一点鎖線は中心線、基準

線などに用いられる。

選択科目［環境系・造園］

41　解答▶②　　　　　　　★

　17世紀になると政治が安定したため諸大名は江戸屋敷の邸内や自国の城内などに広大な庭園を造るようになり、それまでの造園様式の要素を組み合わせ、それらを園路でつなぎ、池、築山、茶室、四阿（あずまや・東屋）などを歩きながら移り変わる景観を鑑賞するように作られた。

42　解答▶④　　　　　★★★

　各種の施設や構造物の地上部の立面を描いた図面である。施設間の高さ関係、空間の構成、完成の状態を示すのが目的である。

43　解答▶①　　　　　★★★

　都市公園法では、街区公園の誘致距離は250mを標準としており、1分間に歩く距離は平均80mなので3〜4分かかる。一人当たりの標準面積は1.0㎡である。

44　解答▶④　　　　　★★★

　松は4〜5月に枝先に数本の新芽が発生する。これを「みどり」という。この芽が枝になり葉が開く前に、元から摘み取って枝数を少なくしたり、途中から折り伸長を調整したりするせん定方法を「みどり摘み」という。

45　解答▶③　　　　　★★★

　支柱に木製の丸太や竹を用いる場合は、次の点に注意する。(1)支柱丸太と幹（枝）の取り付け部は杉皮を巻き、しゅろ縄割掛けにする。(2)丸太と丸太の接点は、くぎ打ち鉄線割掛けとする。(3)丸太は竹と同じように元口を下にして使う、などがある。

46　解答▶②　　　　　　★★

　屋外の石造物で点灯設備のあるものを石灯籠という。石灯籠は最初、神仏の献灯として用いられ、やがて茶庭などの照明の役目を経て庭園の

装飾的な添景物として用いられるようになる。雪見灯籠は水辺に、春日灯籠は寺社に、織部灯籠は茶庭に多く用いられる。

47　解答▶①　　　　　★

四ツ目垣には、いぼ結び（男結び）を用いる。②なんきん結びはトラック結びともいう。③とっくり結びは、鵜の首（うのくび）結びともいう。④ほどけない基本の結び方で堅く結べる。①②③は造園関係では覚えたいロープワークである。

48　解答▶④　　　　★★★

根回しで太い根を、三方または四方に残すことは、風で倒れないように、また急激に水分の吸収を絶たれないようにするためである。①根回しの時期としては酷寒や酷暑での実施は樹木へのダメージが大きく避けたほうがよい。②根回しの径は、根元の直径の３〜５倍とする。③根回し期間は細根が発生するのに半年から１年かかる。貴重な樹木は２〜３年後に移植するほうが安全である。

49　解答▶③　　　　　★

アメリカで1872年にワイオミング州、モンタナ州、アイダホ州の３州にまたがる広大な面積のイエローストーン国立公園が世界最初の国立公園として制定された。多くの人々のために後世まで保護していく手法として考え出されたことは有名である。

50　解答▶①　　　　★★★

幹の高さは５〜15mになる。日当たりを好む。竹類の仲間では直径が最も太くなり８〜20cmになる。節間はマダケと比べて短い。タケノコ、竹材の採取を目的に植えられる。②マダケは節の輪が二重。竹材には数年を経たものを秋に刈り取る。古くから竹垣や庭園施設の材料として利用されている。

選択科目
[環境系・農業土木]

41 解答▶① ★★★
スタティック法の説明である。観測点に受信機とアンテナを据えた状態で長時間観測するためスタティック（静的）法という。

42 解答▶② ★★
②がブルドーザである。前面に装着されているブレード（排土板）で土砂の掘削、運搬、盛土、敷均し、埋戻し、開墾、伐開など多くの作業に使用される。①は重ダンプトラック。③はタンデムローラ。④はトラクタショベル（またはローダ）である。

43 解答▶④ ★★
コンクリートとは、セメント、砂、砂利、水を一定の割合で配合して練り混ぜた施工材料である。②はセメントペースト。③はモルタルである。

44 解答▶③ ★★
①は除礫。②は心土破砕。④は客土。

45 解答▶④ ★★★
最小化とは、行為の実施程度または規模を制限することで影響を最小とすることである。コンクリート水路ではなく自然石を使用した水路を設置するなどが当てはまる。①修正とは、影響を受けた環境を修復・復興または回復し、影響を修正することで、魚道の設置などがあてはまる。②代償とは、代償の資源または環境を置換することで影響を代償することで、代償施設を設置することなどがあてはまる。③回避は、行為の全体または一部を実行しないことにより、影響を回避することで、湧水池を現況のまま保全することなどがあてはまる。

46 解答▶② ★★
モーメントは力の大きさPに、任意の点OからPまでの垂線の距離lを掛けて求める。$(P_1 \times l_1) + (P_2 \times l_2) = (5.5 \text{kN} \times 4 \text{ m}) + (-4 \text{ kN} \times 3 \text{ m}) = 10 \text{ kN} \cdot \text{m}$

47 解答▶④ ★★★
フックの法則を活用する。

$\sigma = E\,\varepsilon$ なので、$E = \dfrac{\sigma}{\varepsilon}$ となる。

応力 $\sigma = \dfrac{P}{A} = \dfrac{120,000\text{N}}{600\text{mm}^2} = 200\text{kN/mm}^2$。ひずみ $\varepsilon = \dfrac{\Delta L}{L} = \dfrac{2\text{mm}}{2,000\text{mm}} = 0.001$。$E = \dfrac{\sigma}{\varepsilon} = \dfrac{200\text{N/mm}^2}{0.001} = 200,000 \text{ N/mm}^2$

48 解答▶① ★★
②砂は、粒径75μm～2.0mm の土粒子をいう。③シルトは、粒径5μm～75μm の土粒子をいう。④礫は、粒径2.0mm～75mm の土粒子をいう。

49 解答▶④ ★★
流水の連続式を使用する。$Q = Av$ より、断面1の流量 $Q_1 = 0.8 \times 3.0 = 2.4\text{m}^3/\text{s}$。流水の連続式より、断面2でも同様の流量となるため $Q_2 = 2.4\text{m}^3/\text{s}$ になるためには、$\dfrac{Q_2}{A_2} = 12 \text{ m/s}$ となる。

50 解答▶③ ★
①は、重力式コンクリートダム。②は中空重力式コンクリートダム。④は均一型フィルダムの説明である。

選択科目［環境系・林業］

41 解答▶③ ★★
　木材輸入の自由化（1960〜1964年）により、安い外材が大量に輸入され、国産材の市場価格が下がり、木材の自給率は大きく低下していった。戦時中に乱伐が行われ、木材が不足したことから、戦後は国の政策としてスギ等の植栽が行われていった。

42 解答▶② ★★
　①よく発達した森林は、最上層に林冠をかたちづくる高木層があり、その下に亜高木層、低木層、草本層の層構造となる。③高木層の樹高は15m〜30m以上に達する。④熱帯雨林では、高木層の樹高が50〜70mに達し、さまざまな樹種で階層構造を形成している。

43 解答▶③ ★★
　①枝の部分の年輪の数は、ほぼ枝ができた年数であり、樹齢を調べるには幹の根元部分の年輪を数える。②年輪は広葉樹より針葉樹の方がはっきりしていてわかりやすい。④幅が広いと成長が良く、木が太った証である。

44 解答▶① ★
　②一度消滅した後に再生した森林は「二次林」である、③木材生産のためなど人の手でスギ、ヒノキなどを植林した森林は「人工林」である、④天然林の説明。天然林は人間活動の影響をほとんど受けない森林。

45 解答▶④ ★★★
　森林法では、特定の公共的な役割をもつ森林を保安林としている。①保安林の面積で一番多いのは水源かん養保安林であり、7割以上を占める、②全国の森林面積の49%、国土面積の32%が保安林に指定されている、③保安林の種類は17種類に上る、④保安林に指定されると立木の伐採や土地の形質の変更等が規制されるが、税制面等での優遇措置がある。

46 解答▶④ ★★
　立木の伐採は、チェーンソーでまず受け口を作り、受け口の反対側から水平に切り込みを入れる（追い口）。この時に全部切り込むのではなく、受け口との間に一定の幅を残す。これを「つる」といい、「つる」が支点となり「ちょうつがい」のはたらきをする。「つる」を切らないで残すことで安全に伐倒できる。

47 解答▶③ ★
　立木の太さを測るには、立木の上側（山側）の地面から1.2m〜1.3mの位置（胸高）の直径（胸高直径）を測定する。枝分かれして胸高位置で2本以上となっている場合は、枝すべてをはかる。現場での測定には、輪尺を使用するのが一般的である。

48 解答▶③ ★★
　①野生鳥獣による森林被害面積のうち約4分の3はシカ（ニホンジカ）による被害である。②造林地の植栽木の枝葉を食べ植栽木を枯死させるのはシカ（ニホンジカ）である。④被害の防除としては、造林地等へのシカ等の侵入を防ぐ防護柵や、立木を剥皮被害から守る防護テープ、苗木を食害から守る食害防止チューブの設置や忌避剤の添付などがある。

49 解答▶① ★★
　②地すべり防止工事は「地すべり等防止法」で規定されている。③崩壊した斜面の安定を図り森林を再生するために実施するのは土留工などの「山腹工」。治山ダムを設置して荒廃した渓流を復旧するのを「渓間工」という。④わが国の地形は急峻かつ地質がぜい弱であることに加えて、近年、前線や台風に伴う豪雨等により山地災害が頻発化・激甚化し

ている。

50 解答▶④ ★
　側竿（そっかん）は、木の根元か
ら伸縮式のポールを伸ばして樹高を
測定する機器。①測量ポールは横断
測量等に使用する。主に使用される
ポールは全長 2 m で 20cm 毎に赤と
白に色分けされている。②輪尺は、
樹木の胸高直径を測定する機器。③
直径巻尺は、樹木の幹周りを測定し
直径を計測する。

共通問題［農業基礎］

1　解答▶③　★
写真左がキャベツ、右がハクサイであり、アブラナ科に分類される。野菜の中で葉の部分を食用として利用するものを葉菜類という。葉菜類には他にアカザ科に分類されるホウレンソウ、スイスチャード（フダンソウ）、キク科のレタス、ヒガンバナ科のニラがある。また、タマネギもヒガンバナ科で葉菜類に分類される。

2　解答▶②　★
ウリ科の野菜は、雄花と雌花が分かれて一つの植物体に存在している雌雄異花同株である。ウリ科野菜の他にトウモロコシも雌雄異花同株である。また、ウリ科の場合は雄花の花粉がハチ等の昆虫によって雌花に運ばれて受粉、結実する。このような受粉の方法の花を虫媒花という。同じウリ科野菜のキュウリは、受粉しなくても結実して実は成長して収穫できる。このような結実の方法を単為結果という。

3　解答▶③　★★★
施設栽培では冬季密閉状態で日中の二酸化炭素濃度が低下するので、光合成を促進するため、ガスボンベなどにより二酸化炭素施用が行われている。しかし、光合成量は、他の要因にも影響されている。二酸化炭素濃度を高めてもそれに伴って気温や土壌水分量も高めないと光合成量は高まらない。②植物は光合成により二酸化炭素を吸収して、酸素を放出する。④見かけの光合成の速さとは、光合成の速さから呼吸の速さを引いたものである。

4　解答▶②　★★
①「定植」は、苗を畑やハウス内に植え付けることであり、苗をポリポットなどに植え付けるのは、鉢上げ・移植である。③「土寄せ」は、畝間（うねま）にある土を株元に寄せること。④「覆土」は、播いた種の上に土をかけること。

5　解答▶②　★
種子の形状は、大きさは異なるものの野菜の分類と同様に科によって似た形状を示している。ウリ科の種子は、問題の写真のように楕円で扁平状である。アブラナ科の種子は、小さな球体である。マメ科の種子は、アブラナ科に比較して大きな球体である。ナス科の種子は、ほとんど膨らみのない円盤状である。また、種子には発芽能力に期限があり、常温で保管した場合、発芽寿命の短いタマネギやニンジンは約2年、寿命の長いナスやスイカは約6年程度といわれている。

6　解答▶③　★
種子が発芽するための基本的条件は、適度な水分と温度に加えて酸素が必要になる。そして、一般にこれを発芽の三要素という。また、種子によっては、この他に光が発芽の要因になるものがある。レタスやニンジン等は、播種時に光が当たることで発芽が促進されるので好光性種子

といわれる。これに対して、ダイコンやネギ等は、播種時に光が当たらないように覆土することで発芽が揃うので嫌光性種子といわれる。一般に、ダイコン等比較的直径が大きい種子は嫌光性種子が多い。

7　解答▶②　★★★

うどんこ病は糸状菌（カビ）が原因でおこる病気であり、病原菌の分生子が風雨によって飛散し、伝染する。被害が進むと成長が阻害され、枯死することもある。対策として、病気に侵された葉は取り除く。発生初期は、適用のある薬剤を散布する。

8　解答▶①　★

写真はスイートコーンである。スイートコーンはトウモロコシの甘味種であり、果実を未熟なうちに収穫して食用にする。

9　解答▶④　★★★

マリーゴールドは春に種子をまき、初夏から晩秋まで花壇を飾る草花である。①チューリップは早春に開花する球根類、②パンジーは秋まき一年草、③シクラメンは秋から開花する球根類である。

10　解答▶④　★

カンキツとビワは亜熱帯果樹に属し、年平均気温が15℃以上の所に産地が作られている。マンゴーは熱帯果樹に属し、わが国では沖縄などを除き、露地栽培が困難。また、カンキツやマンゴー、ビワは、落葉しない常緑果樹だが、リンゴは、落葉する落葉果樹である。落葉果樹には、ブドウやカキがある。

11　解答▶①　★

②物理的防除法、③生物的防除法、④耕種的防除法の説明。近年の有害生物防除は化学農薬を中心とした防除法から、これら４つの防除法を組み合わせて生態系維持や環境保全、効率的・経済的に被害を生じないレベルの発生に抑える総合的有害生物管理（IPM）という考え方が必要である。また、日本は、温暖多雨なモンスーン気候帯で土地集約型農業で果菜類等比較的農薬の使用量の多い作目の栽培が盛んなため、単位面積あたりの農薬使用量は他国と比較すると多いが、ポジティブリストをはじめ農薬の使用について厳格に規制されている。

12　解答▶②　★

マリーゴールドのように土壌中のセンチュウの生息密度を低減させる植物を対抗植物という。対抗植物には、マリーゴールド（キク科）の他にアスパラガス（ユリ科）やソルゴー（イネ科）等がある。対抗植物の多くは、ネグサレセンチュウもしくはネコブセンチュウのいずれかに効果を示すが、マリーゴールドと落花生は、両方のセンチュウに効果を示す。

13　解答▶③　★★

①はナズナ（アブラナ科、一年生・越年生雑草）、②はスベリヒユ（スベリヒユ科、一年生雑草）、③はアカザ（アカザ科、一年生雑草）、④はスギナ（トクサ科、多年生雑草）である。アカザは、典型的な畑地雑草のひとつである。また、新芽が白いものをシロザという。どちらも、比較的乾燥した荒れ地に侵入して繁茂する。北海道から沖縄まで広く分布している。また、アカザは秋には木質化して軽量のため杖の素材として利用されている。

14　解答▶①　★

植物の生育に必要な17種類の元素を必須17元素という。必須元素は、必要量の多い９つの必須多量元素と必要量が少ない８つの微量要素に大別される。多量元素の中で、窒素とリン酸、カリウムは、自然界の存在

量では植物を大きく成長させるために不足しているので肥料として施す必要がある。そして、この３つの元素を肥料の三要素という。また、鉄（Fe）などの微量要素が不足すると微量要素欠乏症となり健全に生育しなくなる。

15 解答▶② ★★

粘土等土の粒子と有機物がもとになってできた腐植によりできた土壌を土壌の団粒化という。団粒化した土壌が集まると土壌の間に隙間ができ、この隙間に空気や水分が蓄えられるようになり作物の成長を促す。このような土壌の構造を団粒構造という。土壌の団粒化には、腐植が不可欠であり、土壌の団粒構造を保つためには、堆肥等の有機質肥料を断続的に補給する必要がある。また、土壌中の腐植が不足して団粒化が進まず土壌との隙間ができない土壌を単粒構造という。単粒構造の土壌では、土壌中に空気や水分を十分に蓄えられないので作物の栽培には適していない。

16 解答▶② ★★

寄生虫や菌などが寄生する生物を宿主という。根粒細菌は、ダイズ等マメ科植物の根に寄生して小さなコブを作り空気中の窒素ガスをアンモニアに変換して宿主の植物に供給する。また、このはたらきを窒素固定という。

17 解答▶④ ★★★

表示は三要素を示したもので、含まれる合計成分が30％以上のものを高度化成肥料という。普通化成肥料は、15〜30％である。有機質肥料は、動植物に由来するもので、三要素の成分は低い。微量要素は、三要素以外に表示されるが、今回の表示からは読み取れない。

18 解答▶④ ★★

肥料を投入する目的は、農作物の成長に必要な元素のうち自然界に存在する量では十分でない元素または、収穫により圃場から持ち出された量を土中に施すことである。農作物の成長に大量に必要となる元素を多量要素という。多量要素のうち自然界に存在する量では不足する元素が窒素、リン、カリでこれを肥料の三要素という。窒素は吸収されると葉緑体の合成に作用するので葉肥といわれる。リンは、通常リン酸として吸収され核酸の構成物質として使われ遺伝情報が適切に機能するようにはたらき花つきや実つきがよくなるので実肥、花肥といわれる。また、カリは、タンパク質合成等にはたらき、根の成長や植物体の機能を高め、根肥といわれる。

19 解答▶④ ★★★

①が卵用種、②③が肉用種、④が卵肉兼用種である。横はんプリマスロック種は、アメリカで品種改良された卵肉兼用種で明治時代に日本に導入されている。また、肉質の良さから地鶏の品種改良にも利用され薩摩鶏と交配した黒さつま鶏をはじめ各地の銘柄鶏の作出に利用されている。

20 解答▶③ ★★

ブタは、野生のイノシシを家畜化したものである。ウシやウマ等の原種が絶滅もしくはその危機にある中で原種の生息数も多い数少ない家畜である。ウシと異なり単胃で雑食性で食欲旺盛に加えて飼養効率に優れている。日本で飼育数が最も多いランドレース種は、生後約６ヶ月で体重100kgを超える。また、多産性で一度に約10〜20頭を出産する。子豚は母豚を認識して授乳されるなど知能が高く免疫力も高いため他の家畜

と比較すると飼育しやすいといわれている。

21　解答▶①　　　　　　★

ウシやヤギを飼育して乳や乳製品を生産する畜産を酪農といい、主に乳を生産するためのウシを乳牛という。日本で飼育されている乳牛の数は、約134万頭でその多くは北海道で飼育されている。また、そのうちの約99%がホルスタイン種である。ホルスタイン種は、寒さに強く大型で体に白と黒の斑点模様があり乳量も他の品種に比較して多い。日本で利用されている乳牛には、他にジャージー種、スイスブラウン種があり、ホルスタイン種に比較して乳量は少ないものの乳脂肪分が多い等の特徴がある。

22　解答▶③　　　　　　★

きな粉は、ダイズを炒って、皮をむき、挽いた粉である。加熱によりダイズ特有の臭みがぬけ、香ばしい香りとなる。また効率よくタンパク質が摂れる。②白玉粉は、米を原料としている。④デュラム粉は、小麦が原料である。

23　解答▶②　　　　　　★

トマトを赤くしている色素は、アルカノイド系の色素リコピンである。リコピンは、抗酸化力が高い。そのため、トマトは、がん予防や老化防止に効果があるともいわれている。リコピンは、加熱してもその効果が大きく低下することはないといわれており真っ赤に熟したトマトを加熱調理しても効率よく体内に取り込むことができる。

24　解答▶①　　　　　　★

日本では農林水産省が5年毎に行っている統計調査（農林業センサス）で農家を選択肢の文章のように定義しており、①以上の生産活動をしているものを農家と定義してい

る。②は販売農家、③は主業農家、④は専業農家の定義である。一般に、①から④になるにしたがって生産活動の規模が大きくなる。

25　解答▶②　　　　　★★

食料自給率とは、供給されている食料のうち国内で生産されている食料の割合をいい、その単位には人が摂取するエネルギー（カロリー熱量）に注目したものと、食料の価値（金額）生産額に注目したものに大別される。カロリーベースの食料自給率では、米、麦や油脂類等カロリーの高い品目の影響が大きくなり、生産額ベースの食料自給率では、単価の高い畜産物や野菜、魚介類の影響が大きくなる。また、食料自給率の分母には廃棄されている食料も含まれるので、食料自給率の向上には廃棄食料を減らすことも大切になる。

カロリーベース総合食料自給率（令和元年度）＝1人1日当たり国産供給熱量（918kcal）／1人1日当たり供給熱量（2,426kcal）＝38%

26　解答▶①　　　　　　★

②は、農業生産関連事業収入から農業生産関連事業支出を差し引いたもの（要した雇用労賃、物財費等の支出）。③は、農外収入から農外支出を差し引いたもの。④は、農業所得に農業生産関連事業所得、農外所得と年金等の収入を足したもの。

27　解答▶④　　　　　★★★

①は、植物体またはその抽出成分を医薬として用いる植物のこと。②は、藻類と菌類との共生体で、菌類によって大部分が構成される地衣体を形成して岩石や樹上に生育する植物群のこと。③は、古くからわが国に存在する生物種やその系統のこと。

28　解答▶④　　　　　★★

①は温暖化ガス（二酸化炭素、メ

タン、一酸化窒素）の増加が原因。②は冷蔵庫などの冷媒などに利用される特定のフロンガスが原因。③は化学農薬の乱用、森林伐採、大気・水質汚染、外来生物の侵入などが原因。④酸性雨は硫黄酸化物や窒素酸化物が硫酸や硝酸に変化することにより発生する。

29　解答▶④　　　　　　　★

①は、ドイツの食料や緑の空間の確保などを目的とした、今日の市民農園の起源とされる農園である。②は、地元でとれた農産物を中心に、生産者が消費者に直接販売する施設である。③は、各地の主要道沿いに休憩機能や情報発信機能を備えた施設である。

30　解答▶③　　　　　　★★

ディーゼルエンジンとガソリンエンジンの大きな違いは燃料の燃焼方法にある。ガソリンエンジンは、点火プラグによる火花点火方式で燃料に点火するのに対してディーゼルエンジンは圧縮して高温になった空気に燃料を噴射して自然着火させる。そのためディーゼルエンジンの燃料は、自己着火温度が250℃前後にあることが必要で軽油や一部の重油がこれに相当する。また、トラクタ等の農業機械や自動車の燃料として利用されるのは、基本的に軽油となるが、漁船や公道を走行しない農業機械では軽油の他に軽油取引税が非課税のa重油（成分が軽油に近い）も使われている。

選択科目［栽培系］

31　解答▶②　　　　　★★★

①栄養成長期には活着期と分げつ期があり、生殖成長期には幼穂発育期と登熟期がある。②中干しは無効分げつを抑えるために行う。③耕起・砕土はロータリー耕、代かきとは水田に水を入れて耕耘する作業。④出穂以降の追肥は実肥という。

32　解答▶②　　　　　★★★

種もみの準備手順は塩水選→消毒→浸種（浸水）→催芽である。

33　解答▶①　　　　　　★★

ダイズは播種後７日くらいで地上に③子葉が出る。その後、子葉の向きとほぼ直角に２枚の②初生葉が対生して発生する。初生葉の発生から７〜10日後には３枚の小葉からなる①複葉が互生で２〜３日に１枚の割合で発生する。

34　解答▶④　　　　　　　★

ほう芽が地表に出たら、うね間を中耕し、土寄せまで行う。着蕾期の頃からは肥大した塊茎が地表に出て緑化しないように茎葉が黄変するまでの間に２〜３回行う。土寄せは塊茎の緑化を防ぐほかに発根を促し、地上部の茎や葉の生育を盛んにする。

35　解答▶④　　　　　　　★

無胚乳種子にはマメ科のダイズ、ウリ科のキュウリ、アブラナ科のキャベツ、キク科のレタスの種子などがある。

36　解答▶③　　　　　　　★

①④原産は南米のアンデス地方で、日中の高温と強い光線、夜は低い気温が適する。また、一般的にも、気温の日較差が大きい方が生育もよく、また、良い品質の果実ができる。②根は深くて広く張る。

37　解答▶④　★★
　キュウリはインドのヒマラヤ山麓が原産地で、トマトほど強い光を必要としない（トマト7万lux、キュウリ5万lux）。また、浅根性で乾燥には弱く水分を多く必要とするので、乾燥期には水分不足になりやすい。花は雌雄異花であるが単為結果するため受粉を必要としない。

38　解答▶①　★★
　土壌病害虫抵抗力向上が主目的で実施することが多いが、ブルームレスキュウリなどのような目的でも実施される。ウリ科であり、病害虫に強いカボチャにキュウリを接ぐことは一般的である。しかし、④のように科が異なれば活着は困難である。接ぎ木方法には名称があるが、原則、野菜等は切断面が接していれば、どのようなやり方でも活着する（果樹は形成層の接触が必要）可能性がある。

39　解答▶③　★★★
　光が当たると発芽しにくい暗発芽種子（嫌光性種子）はトマト・ダイコンなどであり、光が当たると発芽しやすい明発芽種子（好光性種子）はレタス・ニンジン・シソなどである。

40　解答▶①　★★
　キクはさし芽、冬至芽、株分けなどで栄養繁殖させる。

41　解答▶④　★★
　マメ科のルピナスやスイートピーなどは、まっすぐに伸びる太い主根をもつため、移植を嫌う。

42　解答▶②　★★
　ペチュニアはナス科の草花であり、様々な品種が作出されている。春から秋まで開花期は比較的長い。①ジニア、③ハイドランジア、④オンシジウム（ラン）。

43　解答▶④　★★
　ブドウ、キウイフルーツは真っすぐに伸びているが、これはツルを誘引したためである。他のつる性果樹にはアケビ、パッションフルーツなどがある。①ビワは常緑果樹、②オウトウはサクランボであり落葉果樹、③ナシは高木果樹である。

44　解答▶①　★★
　写真Aはリンゴ、写真Bはカンキツの開花である。リンゴ及びカンキツは国内生産量の多い果樹である。

45　解答▶②　★★
　モモの開花前のつぼみの写真である。モモのつぼみを摘む作業を摘らいという。開花・結実には多くの貯蔵養分が使われるため、少しでも早く花の数を減らす方が、果実の肥大にはよい。摘粒はブドウの作業である。

46　解答▶②　★★★
　わが国で栽培される果樹のうち、わい性台木を利用したわい化栽培が普及しているのはリンゴである。

47　解答▶②　★
　写真の被害はモンシロチョウの幼虫（アオムシ）の食害である。幼虫はアブラナ科農作物の葉を食べることから人間にとっては害虫となる。

48　解答▶②　★★
　①キュウリは雌雄同株。③受粉が不要な単為結果性がある。④接ぎ木にはつる割れ病の予防やブルームレスの効果がある。

49　解答▶②　★★★
　地温上昇効果は透明・黒色・シルバー・白色の順であり、シルバー・白色は地温を下げる効果がある。透明は雑草が生える欠点がある。

50　解答▶①　★
　接ぎ木は植物体の一部を切りとって他の個体に接ぐことで、接ぐ枝を

穂木（接ぎ穂）、接がれる方を台木と
呼ぶ。

選択科目［畜産系］

31　解答▶①　　　　　　　★
　②つなぎ飼い方式と④フリースト
ール方式は乳牛の飼育方式である。
③立体飼いはケージやバタリーで飼
育する方式である。

32　解答▶②　　　　　　　★
　①入卵の際は、卵の丸い方の端を
上にして並べる。③種卵は、傷があ
る場合には入卵せず取り除く。④有
精卵と無精卵は外観だけでは見分け
ることができない。

33　解答▶④　　　　　　　★★
　①幼びなは、体温を調節する能力
が不十分で、特に寒さに弱いため、
育すう中は温度や湿度を適切に保つ
必要がある。②初生びなはへそのし
まりがよいものを選ぶ。③幼びな・
中びな期は大びな期よりタンパク質
を多めとする。大びなになると、タ
ンパク質の少ない専用の飼料でゆっ
くり育てる。④初生ひなは卵黄のう
を栄養源とする。

34　解答▶④　　　　　　　★★
　ニワトリは一定期間産卵を続けた
あと、卵を抱いてあたためる抱卵と、
ふ化したひなを育てる性質を持って
いる。この習性を就巣性という。

35　解答▶②　　　　　　　★★
　ニワトリには歯がない。腺胃で胃
酸や消化酵素と混合された飼料は筋
胃ですりつぶされる。ニワトリの腸
管は、哺乳類より体の大きさに対す
る長さが短く通過時間も短い。

36　解答▶④　　　　　　　★
　ニワトリは、餌と一緒に食い込ん
だ細かい石（グリット）を筋胃の中
にたくわえて、飼料をすりつぶして
いる。

37　解答▶①　　　　　　　★★
　繁殖豚は、生後8か月頃に最初の
交配をし、約114日間の妊娠期間を

経て、8～15頭の子を産む。一般的には2年で5回の出産が目標となっている。肥育豚は、生後約6か月間飼育して、一般的に体重105～115kgになったところで出荷する。

38　解答▶②　　　　　　★
　ブタの妊娠期間は114日くらいであり、個体により若干異なる。

39　解答▶④　　　　　　★★
　令和元年における豚の産出額は、1位鹿児島県847億円、2位宮崎県521億円、3位北海道455億円、4位千葉442億円。(「生産農業所得統計」)

40　解答▶①　　　　　　★★★
　②ランドレース種、③ハンプシャー種、④大ヨークシャー種は大型種に分類される。

41　解答▶①　　　　　　★
　Wは大ヨークシャー種、Hはハンプシャー種、Lはランドレース種、Bはバークシャー種の略号である。

42　解答▶②　　　　　　★
　発情は雄との交配が可能な状態であり、発情が近づいた雌は、いろいろな発情兆候を現す。ブタの発情期間（発情前期、発情期、発情後期を合わせた期間）は約7日あり、発情期（雄豚に交尾を許容する時期）は2～3日（平均2.4日）である。

43　解答▶④　　　　　　★★
　ブラウンスイス種はスイス原産で、乳中の固形分含量が高く、チーズ生産に向いている。性格は温厚で、強健である。

44　解答▶②　　　　　　★
　①出生から初回分娩までを未経産牛、分娩したウシを経産牛という。③2産目以降、分娩予定前の約60日間は乾乳期となる。④乳牛の泌乳量は産次を増すにつれて増加し、3～5産で最も多くなる。

45　解答▶③　　　　　　★★
　オキシトシンは乳房の洗浄やマッサージ等の刺激により分泌される。①アドレナリンは不快感や不安感を与えると副腎髄質から分泌される乳排出を妨げるホルモン、②エストロゲンは発情に関わるホルモン、④は妊娠に関わるホルモンである。

46　解答▶①　　　　　　★
　反すう胃とは第1胃と第2胃のことである。ウシは、草食性であり、反すう胃内にいる微生物の働きによって、人間などの単胃動物では利用できない繊維質飼料を消化、利用できる能力を持っている。ニワトリでは、腺胃で消化液と混合したあと、筋胃であらかじめ飲み込んでいる小石と厚い筋肉の収縮活動で飼料をすりつぶしている。

47　解答▶②　　　　　　★★
　ディッピングは搾乳前（プレディッピング）及び後（ポストディッピング）に、主にヨード液を使用して衛生的な牛乳生産と乳房炎予防のために行われる作業である。

48　解答▶①　　　　　　★★★
　レーキは乾燥した牧草をベーラで梱包するために草を集める作業で用いられる機械である。②は土の反転作業、③は牧草等の播種、④は堆肥散布に使用する機械である。

49　解答▶④　　　　　　★★★
　写真は、細茎タイプのソルゴーで青刈りやサイレージとして利用される。

50　解答▶③　　　　　　★★★
　①平成30年における飼養頭数は犬約890万頭、猫965万頭である。②犬の飼養頭数は毎年50万頭程度ずつ減少している。③平成30年の15歳未満人口1,550万人、犬猫飼養頭数1,850万頭。④平成30年における犬の飼養割合は平均12%程度、高齢者世帯で

高い傾向がある。

選択科目 ［食品系］

31 解答▶③　　　　　★★
　食品は人の生命を維持するために摂取するもので、食物の成分は消化器官で分解吸収され、人の体の構成成分やエネルギー源となって人の活動を支えている。したがって食品は何らかの③栄養性を備えていることが求められている。また、食品は目で見て好ましく、良い香りや食感などの②嗜好性も求められている。食品のもつ機能について、栄養性を第一次機能、嗜好性を第二次機能、生体を調節する機能を第三次機能という。

32 解答▶③　　　　　★★
　③の脂質は、脂肪酸とグリセリンの化合物であり、正解。①のデンプンは多数のブドウ糖が結合した化合物。②のタンパク質は、多数のアミノ酸が結合した化合物（うち必須アミノ酸は9種類）。④のミネラルは食品を構成する元素のうち、炭素・酸素・窒素以外の元素（うち必須ミネラル16種類）をいう。

33 解答▶②　　　　　★★★
　酵素は、生体が作り出す化学反応を触媒するタンパク質なので、②が正解である。このため、熱や酸・アルカリ等により変化し、そのはたらきを失う。この原理を利用して、製造の初期段階で、原料の湯通し（ブランチング）を行い、特に酵素など原料の成分変化を止め、製造・流通・販売することが多い。

34 解答▶④　　　　　★
　①の酪酸は、バター・チーズなどに含まれる成分の一つ。②のステアリン酸は、豚脂・牛脂など。③のリノレン酸は、大豆油・ごま油・コーン油など。④が正解のドコサヘキサエン酸（DHA）。魚介類、特に青魚

である鯖・鰯・秋刀魚に多く含まれる脂肪酸。

35 解答▶① ★★
卵黄やダイズに含まれるリン脂質は①のレシチンである。脂質とタンパク質が結合したもので、乳化剤として食品加工に利用される。②のシステイン、④のプロリンはアミノ酸。③のペクチンは多糖類である。

36 解答▶③ ★★
表示欄に「栄養成分表示」の文字の表示は必要であり、熱量及び栄養成分項目の表示の順番は決まっている。③の食品単位は100g、100mL、1食分、1包装、その他1単位のいずれかを表示する。表示される値は分析のほか計算によって求めた値を表示することも可能である。

37 解答▶④ ★★
必須アミノ酸とは、ヒトの体内では合成されないため、体外より摂取しなければならないアミノ酸のこと。ヒスチジン・バリン・ロイシン・イソロイシン・トレオニン・メチオニン・フェニルアラニン・トリプトファン・リジンの9種類のアミノ酸なので④が正解となる。

38 解答▶② ★★★
②の焼き上げ終了時、オーブンから出した直後の食パンを型ごとテーブルの上に落として、衝撃を与える。これにより、生地が小さくなってしまう焼け落ちや食パンの側面が折れてしまう腰折れを防ぐことができる。

39 解答▶④ ★
④のグルテンは、小麦粉に水を入れて練ると、グルテニンとグリアジンというタンパク質が複雑に作用して、グルテンを形成する。グルテンは粘弾性を持ち、パン生地などの骨格となる。①のアルブミンは、主に乳。②のグロブリンは、卵。③のミ

オシンは、筋肉に多い。

40 解答▶③ ★★★
③が正解で、元禄年間、胃病を患う父のために息子が旅の僧から油を使わない麺があることを聞き、その製法を学び小麦粉と塩水から造る麺を完成させたのがはじまりとされる。①の産地は沖縄県で小麦粉に灰汁やかんすいを加えてつくる。②は山梨県で幅広く、短冊状の手打ちうどん。様々な材料を鍋に入れて煮込む。④は奈良県で古くから作られている手延べ素麺。風味が良いのが特徴。

41 解答▶④ ★
①の糖質の組成は果物の種類によって異なるが通常、成熟した果実は、ブドウ糖・果糖・ショ糖が主体である。麦芽糖は、主に麦芽・水あめ・甘酒の糖質。②の果実中の主な有機酸は、クエン酸・リンゴ酸・酒石酸・コハク酸等で脂肪酸ではない。③のかんきつ類やリンゴでは、貯蔵中に有機酸が大幅に減少する味ぼけを起こす。

42 解答▶② ★★
②の主な工程を上げると原料の選果・洗浄→熱湯浸漬→身割り→酸アルカリ併用法によるじょうのう膜の除去→シラップの注入→巻き締め機による脱気・巻き締め→加熱殺菌→冷却→製品となる。処理に用いる酸・アルカリは食品衛生法で食品添加物に指定され、水洗により製品には全く移行残存しないことも条件とされている。

43 解答▶① ★
ジャムは、果実中のペクチンが、酸と糖の作用によってゲル化したものである。そのため、ペクチンの性状や量、糖量・有機酸量がゲル化やゲルの固さに影響を及ぼす。このため、ペクチン・糖・有機酸をゼリー

化の３要素という。タンニンやアルコールは、直接ゼリー化に関係しない。

44 解答▶③ ★★★
生乳を72℃以上で連続的に15秒以上加熱する殺菌方法はHTST法である。①のLTLT法（低温保持殺菌：Low TenpreatureLongTime）は63〜65℃で30分間、②のHTLT法（高温保持殺菌：High Temperature Long Time）は75℃以上で15分以上、④のUHT法（超高温瞬間殺菌：Ultra High Temperature）は120〜130℃で２〜３秒間加熱する方法である。

45 解答▶③ ★
乳及び乳製品の成分規格等に関する省令により、①の無糖練乳は、濃縮乳であって直接飲用に供する目的で販売するもの。②の無糖脱脂練乳は、脱脂濃縮乳であって直接飲用に供する目的で販売するもの。④の加糖脱脂練乳は、生乳、牛乳又は特別牛乳の乳脂肪分を除去したものにしょ糖を加えて濃縮したものと定められている。

46 解答▶① ★★
この機器はバターチャーンと呼ばれ、①のバター製造時バターの原料となるクリームのチャーニングに用いられる。チャーニングとは、クリームを激しく撹拌すること。これによりクリーム中のバター粒子が大豆程度の大きさになったらバターミルクを除去し、バターとなる。

47 解答▶① ★
ソーセージのうち、羊腸または製品の太さが20mm未満の人工ケーシングに詰めたものは、①のウィンナーソーセージである。牛腸または製品の太さが36mm以上の人工ケーシングにつめたものを②のボロニアソーセージ、豚腸または太さが20mm以上36mm未満を使用したものをフランクフルトソーセージという。

48 解答▶④ ★
④の食塩を食品に添加すると、食塩が水に溶けて浸透圧が高くなり、微生物の細胞も脱水され増殖が抑えられる。①の二酸化炭素、②のエチレン、③の窒素は、野菜や果物の呼吸などの抑制や保存性の向上に効果があり、浸透圧は直接関わらない。

49 解答▶① ★★
豆腐の凝固剤としては、グルコノデルタラクトンや塩化カルシウムなどがある。②の炭酸水素ナトリウムは膨張剤。③のエリソルビン酸は酸化防止剤。④のサッカリンナトリウムは甘味料である。

50 解答▶② ★
食品製造工程での汚染の要因は「人」「物」「空気」の動きに係り、それぞれが交差せず動くようにする。②の靴は加工室外で履く靴と加工室内で履く靴は同じところに置かない。汚染作業区域と清潔作業区域は床を色分けし区分を明確にする。汚染作業区域の作業員と清潔作業区域の作業員は交差しない配置と通路にする。加熱前の物と加熱後の物は交差しないようにする。空気や水も汚染作業区域から清潔作業区域に流れないようにする。

選択科目〔環境系〕

31　解答▶①　　　　★★
　①増加の理由として、森林の成長速度に対して伐採した木材の利用が間に合わない、林業従事者の高齢化など。②人工林の多くは戦後の拡大造林によってつくられた。③木材輸入自由化で安価な外材が多く輸入されるようになった。④木材価格の低迷等から手入れされずに放置された森林が多く、土砂災害防止等の森林の公益的機能の発揮が危ぶまれている。

32　解答▶③　　　　★★
　円の外周は「直径×3.14」で求められる。1.2m×3.14＝3.768m。造園樹林の寸法規格は、①樹高（略号：H）地際から樹冠長までの垂直高。②幹回り（略号：C）地際から1.2m上の位置で測定した樹幹周長。③樹冠幅（略号：W）枝張りともいい、樹冠の幅。④枝下、一番下の主枝から根際までの高さ。

33　解答▶②　　　　★
　広葉樹とは葉が平らで広く、コナラ、クヌギ、シラカシなど落葉と常緑がある。①③④は針葉樹。葉はスギやマツのような針状、ヒノキやサワラのような鱗片状のものがある。コニファー（conifer）は英語で針葉樹の総称である。

34　解答▶②　　　　★
　「受け口」は樹木の伐倒方向に合わせて、深さは直径の3分の1～4分の1程度、角度は30度～40度で作る。受け口ができたら反対側に「追い口」を作る。受け口の高さの約3分の2の位置に水平に切り進める。追い口を切り進め、直径の約10分の1の「つる」を残す。

35　解答▶③　　　　★★
　複数の曲線をもつ形状の定規が数枚で一組になっている定規で、自由曲線の作図の定規。①円・楕円・三角等を描くときに用いる形板。テンプレートは「型板」「鋳型（いがた）」という英単語の意味である。②小コンパスともいい、半径2センチ以内の小円を描くときに用いられる。上部にスプリング（ばね）が付いている。④自由に曲げられるので、連続した曲線や複雑な曲線等も描ける定規。

36　解答▶③　　　　★★★
　アリダードの前方にある長方形の枠の中に視準糸が一本張られている。①透明の管に少量の空気を入れ水平を見る。②縮尺に合わせた直線定規。④アリダードの後部にある、3個（上中下）の視準孔のあるもので、引き出し板を使う場合もある。

37　解答▶③　　　　★★
　望遠鏡内のプリズムが一定範囲内では、望遠鏡が傾いていても視準線を常に正しく水平にする。①チルチングレベル、②電子レベル、④ハンドレベルの説明である。

38　解答▶③　　　　★
　①日本のように季節の変化がある温帯では、樹木の年輪が比較的はっきりしてわかりやすい。②年輪により樹齢はわかるが、樹種の判別は比較的難しい。④年輪と年輪の幅が広いと、成長が良く、木が太った証である。

39　解答▶④　　　　★
　外形線を描くのに用いる。①寸法を記入する線の種類は、細い実線である。②かくれ線は太い破線または細い破線。③中心線で細い一点鎖線。

40　解答▶②　　　　★
　機械の名称は「刈払機」である。林業で育林する幼木周辺の小低木や雑草を刈る。下刈りは夏季に行うこ

とが多い。構造は原動機、シャフト、回転刃からなり、日本国内で業務として刈払機を用いる場合には、安全衛生教育を受講する必要がある。

選択科目［環境系・造園］

41　解答▶④　　　　★★★

灯籠の基本形は一般に上から、宝珠、笠、火袋、中台、竿、基礎である。織部灯籠と雪見灯籠に基礎はない。

42　解答▶①　　　　　　★

ある区域を真上から見て、植栽や施設などの位置を正確に表示する図面。施工者が担当部分の位置と隣接部分との関連を確認するために重要な役割をもつ図面。②設計者の意図をより分かりやすく施工者に伝えるために作成される。一般の方にも理解しやすい。③各種の施設や構造物の地上部の立面を描いた図面。④施工物を垂直に切り、これを水平方向から見た形状を表現した図面。

43　解答▶④　　　　　　★

水を用いず、石や砂で広大な山水や、水のある景色を象徴的に表現するもので、水墨画に見られる禅の精神的境地に通ずるものがある。①茶庭（露地庭）②③回遊式庭園。

44　解答▶①　　　　　★★

主として街区内に居住する者の利用に供することを目的とする公園で、1か所当たり面積0.25haを標準として誘致距離250mの範囲内で配置する。街区内に住む人々が、最も身近に利用する公園で、児童の遊戯や運動、高齢者の運動や休憩に配慮した、地域社会の中心的な施設であり、同時に身近な緑の場を提供するものである。

45　解答▶②　　　　　★★

落葉広葉樹。北アメリカ原産。明治45年東京市長尾崎行雄が北米に送ったサクラの返礼として大正4年（1915年）に渡来した。花色は紅、淡紅、白。本当の花は中央にあり、花弁に見えるのは、総苞（そうほう）

という。用途は、庭園、公園、街路樹。別名アメリカヤマボウシ、ドッグウッド。

46　解答▶①　★★★
　根回しとは、現在の生育地で、前もって移植に必要な根の範囲を一度切断し、残った根に細根の発生を促進させて、掘り上げ作業や移植後の活着と生育を容易にさせることである。一般的には6か月〜1年であるが、貴重な樹木は2年〜3年後に移植するほうが安全である。

47　解答▶③　★★
　竹垣施工において、竹の根元のことを元口（もとくち）、先端部分を末口（すえくち）という。胴縁は、遠目に見て水平に見えるようにするには、末口と元口を交互に取り付ける。末口は皮が薄いため割れやすいので、節止めとする。

48　解答▶②　★★
　挿し木により、母樹と同様の花を咲かせ、枝葉や樹形も類似したものが得られる。同一品種を増やしたり、苗木の生育期間を短縮し経費の削減ができる。①接ぎ木。③株分け。④組織培養。

49　解答▶④　★★★
　赤星病は、ナシ、リンゴ、カリン、ボケの主要病害。一般的に5月〜6月頃葉裏に黄色い糸状の斑点が現れ、その後は腐り黒い斑点となる。防除方法のひとつに、カイヅカイブキなどのビャクシン類の中間宿主を除去し、病原菌の伝染ルートを切断する方法がある。

50　解答▶④　★
　アメリカ合衆国は、世界最初の国立公園として、1872年（明治5年）にロッキー山脈の雄大な自然風景を対象に広大な面積のイエローストーン国立公園を制定した。大部分はワイオミング州に属すが、隣接するアイダホ州とモンタナ州にも及んでいる。面積は、約9,000km²で東京都の約4倍である。

選択科目
［環境系・農業土木］

41　解答▶④　★

BM.A と BM.B の高低差は、20.907m － 20.000m=0.907m である。後視の計である4.716m から（A）の計である3.809m を引くと、BM.A と BM.B の高低差と同じ0.907m が求められるので、（A）はもりかえ点である。そうすると、（B）は中間点となる。また、（C）の値は、標高と後視を足し算した値であり、（C）の値から前視を引くと標高になるので器械高である。（20.000m ＋ 1.566m=21.566m、No.1 の標高：21.566m －1.221m=20.345m）

42　解答▶②　★★★

設問は交会法の説明で、このときできる微小な三角形を示誤三角形という。平板測量の場合、①は道線法において最後に求めた点と最初の点が一致しないために生じる誤差。③の較差は、2個の観測値の差。もしくは、観測値と比較する値との差のことである。④の高低差は、視準板目盛の読定値と水平距離との計算式で得られる。

43　解答▶①　★

力の三要素とは、大きさ、方向、作用点で表し、力が物体に作用している点（作用点）を示したら、力の方向を矢印で、力の大きさは線の長さで表す。

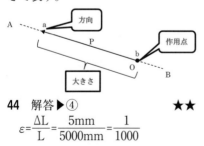

44　解答▶④　★★

$$\varepsilon=\frac{\Delta L}{L}=\frac{5mm}{5000mm}=\frac{1}{1000}$$

但し、ε：ひずみ、L：材料の元の長さ、ΔL：材料の変形量

45　解答▶①　★★

農業整備事業の全体又は一部を実行しないことにより、影響を回避することで、勇水池の保全のために手を加えないことなどである。②は行為の実施の程度又は規模を制限することにより影響を最小とすることで、生態系に配慮した用水路の設置などが当てはまる。③は影響を受けた環境そのものを修復、復興又は回復することにより、影響を修正することで、魚道の設置などが当てはまる。④は行為期間中、環境保全及び維持することにより、時間を経て生じる影響を軽減又は除去することで、一時的に移植していた植物を復元することなどである。

46　解答▶②　★

土地改良工法の心土破砕についての説明は②である。①は床締め、③は混層耕、④は客土の説明である。

47　解答▶①　★★

土地改良工法の不良土層排除の説明である。②客土は、他の場所からほ場へ土壌を運搬して、農地土層の理化学的性質を改良する。③徐礫は、作土中に含まれる石礫を必要な土層の範囲から除去又は細破して混合することで、農業機械の破損防止と作物の生育を良好にする。④床締めは、湧水の激しい水田を転圧し、土の間隔を小さくして浸透を抑制する。

48　解答▶④　★★★

$$p=\frac{P}{A}=\frac{15kN}{3m^2}=5k\ N/m^2=5k\ Pa$$

$$（Pa\ はN/m^2）$$

但し、p：水圧、P：全水圧、A：水圧作用面積
また、1 Pa は 1 Nm² である。

49　解答▶①　★★★

　土の分類において、1 μm 以下をコロイドの呼び名で表される。②5 μm～75 μm をシルト、③75 μm～2 mm を砂、④2 mm～75mm を礫と分類している。

50　解答▶④　★★★

　問題は割ぐりである。

①コンクリート

②石材または擬石

③地盤

選択科目［環境系・林業］

41　解答▶④　★★

　気温は標高が高くなるにつれて低下し、植生分布に影響を与える。①時間とともに植物の種類が交代していく遷移のうち、土壌が形成されていない場所から始まるもの。②すでに構成していた植物が破壊されてから始まる遷移。③水平分布とは、南北に長い日本列島において、気温の低い北海道から気温の高い沖縄県まで、気温によって植生が大きく変化すること。

42　解答▶④　★★

　スギは日本の湿潤な気候に合っており、現在でも、加工のしやすさなどから柱などの建築材の中心である。①きのこの原木用は、コナラやクヌギである。②タンスなどの家具類には、桐やケヤキなどの広葉樹が使われることが多い。③材木の強度では、スギ材はカラマツ材やヒノキ材より劣り、柔らかい。しかしその反面、製材等の加工はしやすい。④スギ材の中心部（心材部）は赤みがかった材が多く、これを「赤身」といい、外側の白い部分は「白太」という。

43　解答▶②　★

　①コナラやクヌギなどの広葉樹の方が萌芽更新に適している。③建築材としてはスギやヒノキなどが主であり、萌芽更新ではなく植栽して建築材となるまで保育・育成している。④萌芽更新では、高齢級の樹木よりも20年生くらいの若い樹木を伐採した方が、切り株（根株）から芽が発生しやすい。

44　解答▶②　★★

　玉切りとは立木の伐倒後、枝払いをし、木の特徴に合わせ規定の寸法に切断して素材丸太にすること。①

②チェーンソーにより玉切るのが一般的だが、高性能林業機械であるハーベスタやプロセッサで玉切ると効率が良い。③玉切りは造材作業の一つである。④玉切る長さは、柱材では3m、横架材では4mなど利用目的に応じた長さに切る。5mにはほどんど切らない。

45　解答▶②　　　　★★
高性能林業機械とは、従来の林業機械に比べて、作業の効率化、身体への負担の軽減等、性能が著しく高い林業機械をいい、全国で導入が進んでいる。図はプロセッサで、木材を枝払いして、一定の長さに玉切り（造材）している。

46　解答▶②　　　　★★★
①チェーンソーなどで切った断面を木口といい、根元に近い方を元口といい、先端に近い方を末口という。②1石は約0.278m^3（1m^3＝約3.6石）であり、今でも「石」を使う場合がある。③末口自乗法（二乗法）とは、末口直径×末口直径×長さで求める。木材の材積を求めるには、主にこの方法が使われている。④取扱量の多い丸太の長さは、合板用ならば2m、柱材ならば3m。建築用では3〜4mが多い。

47　解答▶④　　　　★★
樹木を伐採するときは危険を伴うことが多く、慎重に作業しなければならない。①斜面の上側へ倒すと伐採した樹木が滑り落ちて危険。②真下へ倒すと伐採した樹木が地面に強く当たって折れたりして危険。傾斜地の伐採方向は横方向が理想であり、斜め下へ倒すのも無難である。

48　解答▶②　　　　★★
立木の太さを測るには、立木の上側（山側）の地面から1.2m〜1.3mの位置（胸高）の直径（胸高直径）を測定する。測定には、輪尺を使用する。

49　解答▶②　　　　★★★
製材用材の自給率は約5割であり、国産材の供給量は伸びている。①需要量については、建築材である柱や板などの製材用材が最も多い。③パルプ・チップ用材の自給率は約1割である。④合板用材の自給率は約4割であり、国産材を使用した合板の需給量は伸びている。

50　解答▶③　　　　★★
森林環境税については、令和6年度から課税（千円/人）される。森林環境譲与税は、令和元年度から都道府県と市町村に対し譲与が始まった。この税は、市町村が行う間伐や人材育成・担い手の確保、木材利用の促進等の森林整備及びその促進に関する費用並びに都道府県が行う市町村による森林整備に対する支援等に関する費用に充てられる。

（難易度）★：やさしい、★★：ふつう、★★★：やや難

共通問題［農業基礎］

1　解答▶②　　　　　★

ナスはナス科で、原産地のインドや熱帯地方では多年草として扱うが、日本では1年草として栽培している。日本では奈良時代から栽培していたとの記録があり、また地域に根付いた（地野菜）多数の品種がある。連作障害が出やすい野菜なので連作する場合は、土壌管理に十分注意する必要がある。葉や茎の他にヘタにもトゲがあり、果実の鮮度見極めの目安にもなっている。しかし、近年は作業性の向上や消費者の要望からヘタのトゲがない品種も開発されている。

2　解答▶②　　　　　★★

種子植物が、受精しないで果実が発達する現象を単為結果という。一般的に、単為結果により得られた果実は、種子ができない、または発芽能力のある種子は形成されない。単為結果には、温州ミカンやバナナのように花粉の不稔、パイナップルのように自家不和合性により自然に起こる（自動的単為結果）場合と、温室栽培トマトやスイカに対するオーキシン添加やブドウに対するジベレリン添加によってできるものや種なしスイカのように3倍体を利用した単為結果（他動的単為結果）がある。単為結果性は農作業の労力軽減の観点からトマト等果菜類で品種改良が行われている。

3　解答▶②　　　　　★★

種子の発芽には光が必要ではないが、ニンジンやハクサイ等、光が当たると発芽しやすい明発芽（好光性）種子がある。①発芽の三条件は水、温度、酸素である。③光と水、そして葉の気孔から取り入れた二酸化炭素から、炭水化物を合成する。④気孔からは水分の蒸散と酸素、二酸化炭素の出入りがある。

4　解答▶③　　　　　★★

農作物のほとんどは被子植物であり、被子植物の多くは、一つの花の中に生殖に必要な器官である雄ずい（雄しべ）と雌ずい（雌しべ）を持っている両性花（完全花）である。しかし、スイカ等のウリ科野菜やトウモロコシ、カキ、ホウレン草は、一つの植物体の中に雄花と雌花に分かれて着生しており、雌雄異花同株という。また、雄花や雌花のことを単性花という。この他ギンナン等裸子植物も単性花である。

5　解答▶①　　　　　★

野菜の分類には、ウリ科野菜やアブラナ科野菜のように植物学による分類と果菜類や葉菜類のように野菜の利用部位による分類がある。植物学による分類は、同じ科の野菜は病害虫の発生が似ていることが多いので連作障害の回避等栽培計画の立案に役立つ分類である。また、利用部位による分類は、人為的分類とも呼ばれるが調理等での食材の検討に役立つ分類である。キュウリ、トマトは果菜類である。ジャガイモ、カブ

は根菜類、アスパラガス、タマネギは葉茎菜類であるが、アスパラガスは茎菜類、タマネギは葉菜類になる。レタス、ブロッコリーは葉菜類に分類されている。

6　解答▶①　　　　　　★★

写真はイチゴの開花と結実時の写真である。バラ科の野菜はイチゴのみであるが、果樹では、サクランボ、リンゴ、ナシ、モモ等がバラ科である。アブラナ科には、ハクサイ、キャベツ、ダイコン等、ユリ科には、ネギ、タマネギ、ウリ科にはキュウリ、メロン、スイカなどがある。

7　解答▶②　　　　　　★★

植物の繁殖方法には、受精してできた種子（実生）を用いる種子繁殖と葉や茎、根など植物体の一部から植物体を再生する栄養繁殖がある。一般に、マリーゴールドやパンジーのような1年草や2年草は、種子繁殖で増殖させ、ドラセナやバラ等の観葉植物や木本類、多年草（特に球根類）は株分けや挿し木等栄養繁殖で増殖させる。種子繁殖は、有性生殖でできた種子によるので親と異なる形質が現れるが、挿し木等の栄養繁殖では、親木と同じ形質を得ることができる。

8　解答▶④　　　　　　★★

空気中の窒素やリン鉱石等無機物を原料とする肥料を無機質肥料（化学肥料）といい、菜種油の絞りカスやウシ等家畜の糞尿、落ち葉等生物由来の物質を原料とした肥料を有機質肥料という。農作物の成長に適している土壌の組成を土壌の団粒構造というが、そのためには土の粒子が有機物と結合する必要があり圃場への有機質肥料の投入は、農作物の健全な生育には大切になる。

9　解答▶③　　　　　　★★

窒素はタンパク質や葉緑体の主構成分で、不足すると古い葉から成長部へ移動するので葉が黄化し、上葉が小さくなる。リン酸は欠乏すると下葉は赤みがかり、カリウム欠乏は下葉の先端やふちが黄化し、カルシウム欠乏は若い葉ほど生育が異常となる。

10　解答▶②　　　　　★★

肥料取締法により化成（化学）肥料に含まれる肥料成分の割合は、左側から窒素－リン酸－カリの順に％で示すことが定められている。また、3つの成分の合計が30％を超えるものを高度化成肥料、30％に満たないものを普通化成肥料と定めている。問題は18－4－12の表記なので（18－4－12）の肥料の成分含有率は、窒素18％、リン酸成4％。カリ12％である。リン酸の成分量は、肥料の重量40（kg）×0.04（リン酸成分含有率）＝1.6（kg）である。

11　解答▶②　　　　　★★

有機物の腐植物質等により、土の粒子がかたまりになった団粒構造は、間げきが多く、通気性、排水性、保水性のすべてが良い。単粒構造は、間げきが少ないため、通気・排水・保水性が悪い土壌である。ただし、砂は排水性が良く、例外である。

12　解答▶④　　　　　★

pHが7未満の土を酸性土といい、ブルーベリーを除いて多くの作物での適正な土のpHは6.0～6.5の弱酸性である。日本国内は酸性土が多く、酸性土壌を改良する必要がある。

13　解答▶④　　　　　★★

水田で稲の成長を妨げる雑草や畦で農作業の障害になる雑草を水田雑草という。水田の多くは、冬になると水が無くなる乾田なので季節によって成長する雑草も異なる。コナギは、田植えから刈り取りまでの湛

水期に見られる代表的な水田雑草である。コナギの特徴は、発芽時に酸素があるとほとんど発芽せず、水田がたん水状態になると発芽する。そのため、水田を畑に転用した場合には、ほとんど姿が見えない。

①スベリヒユはスベリヒユ科の一年生畑雑草。②スギナはトクサ科の多年生畑雑草。③シロザはアカザ科の一年生畑雑草。

14　解答▶①　　　　　　★

害虫を誘引する色を使った粘着シート防除法は、総合的病害虫管理技術（IPM）の要素のひとつになっている。一般に青色はアザミウマを誘引し、黄色はコナジラミやハエ、アブラムシなどを誘引する。この方法は物理的防除法である。

15　解答▶③　　　　★★★

イネのいもち病はいもち病菌（糸状菌類）によって発生する稲の病気の中でも紋枯病とともに最も被害の大きい病気のひとつ。罹患した部位で葉いもちや穂いもちと呼ぶ。夏場の気温が低く雨が多く日照不足が重なると発生しやすくなる。また、施肥で、窒素肥料過多になると稲が過繁茂になりいもち病に対する抵抗性が低くなる。

16　解答▶①　　　　★★★

①はゴマダラカミキリでリンゴ、ナシ、ウンシュウミカンなどの害虫である。サクラやモモ、ウメなどバラ科を中心とした多種の樹木を幼虫が加害し樹木を衰弱させる。②は受粉で利用されるセイヨウミツバチ、③はアブラムシを捕食するナミテントウの幼虫、④は肉食性のオオカマキリである。

17　解答▶②　　　　　★

食品衛生法が改正され、平成18年からポジティブリスト制度が導入された。①残留農薬基準がない作物は

0.01ppm が基準値とされる。②ポジティブリストガイドライン（パンフレット）による。③風が強いほど飛散距離は長くなる。④細かい散布粒子のノズルは飛散危険が大きい。

18　解答▶④　　　　　★

土壌酸度とは、土壌が酸性かアルカリ性かを示す指標で pH で表す。pH とは水素イオン濃度指数のことで 0 〜14の数値で表され 7 が中性で数値が小さくなると酸性を示し高くなるとアルカリ性を示す。農作物の多くは、pH6.0〜6.5程度の弱酸性を好むものが多いが、ブルーベリーは、pH4.0〜5.5程度の酸性土壌を好む。

19　解答▶②　　　　★★

①②日長に応じて開花する性質を光周性と呼び、暗期の長さが一定の時間より長くなる植物を短日植物、短くなる植物を長日植物という。③花芽分化は温度（感温性）の影響もあり、レタスなどでは高く、ダイコンなどアブラナ科作物などでは低い。④春化は低温にさらされて起こる。

20　解答▶②　　　　　★

ニワトリの品種には卵用種（レグホーン）、肉用種（コーニッシュ）、卵肉兼用種（ロードアイランドレッド、プリマスロック）、観賞用種（オナガドリ）の 4 つの品種群が存在する。世界中には約250種類の品種があるがオナガドリを除いた上記の 4 品種が産業用の大半を占めている。また、特に観賞用品種を除くとその用途が厳密に区別されているわけではなく、卵用品種の白色レグホーンは、産卵数が低下すると廃鶏となり食肉用として利用される。また、日本人とニワトリの関わりは深くチャボ等の観賞用品種が50品種存在し、これらは日本鶏と呼ばれる。また、

アニマルウェルフェア（Animal Welfare）の観点から養鶏の飼育環境が再検討されつつある。

21　解答▶① ★

　家畜として飼育されているウシは、乳牛と肉用牛に大別される。日本で飼育されている乳牛はホルスタイン種、ジャージー種、ブラウンスイス種がほぼ全てで、なかでもホルスタイン種は、飼料効率や耐寒性が高く泌乳量も最も多いため乳牛の98％を占めている。ジャージー種は、イギリス原産でジャージー乳と呼ばれる乳脂肪率5％、無脂乳固形分率9％を超える乳を産出するためバター等の乳製品の原料に適している。ブラウンスイス種は放牧に適しており泌乳量は少ないがジャージー種同様に乳質が良く乳製品の原料に適している。また、乳牛であっても乳を産出しない雄ウシは、肉用牛として肥育される。

22　解答▶③ ★

　反すうとは一度飲み込んだ食物を口に戻して細かくしたのち、再び飲み込むことをいう。反すう動物の胃は4つで構成されており、このうち第1胃と第2胃を「反すう胃」といい、微生物等のはたらきによって栄養分を消化吸収している。そして、消化器官に存在する微生物のはたらきにより牛をはじめとする草食動物は、生きていくのに必要な栄養を植物のみから取ることが可能になっている。

23　解答▶① ★★

　堆肥は、稲わらや家畜の糞尿等微生物により分解されやすい有機物（易分解性有機物）が微生物によって完全に分解された有機肥料、有機土壌改良資材と定義されている。家畜の排せつ物の堆肥化は、好気性微生物の働き（好気性発酵）によるので微生物が活動しやすい環境を整える必要がある。易分解性有機物の量や排せつ物にもみ殻等を混和して水分量や通気性を調節する。また、切り返し作業も重要である。こうすることで十分な発酵熱が得られて悪臭がない良質な堆肥となる。

24　解答▶③ ★

　きな粉は、ダイズを炒って、挽いた粉である。加熱によりダイズ特有の臭みがぬけ、香ばしい香りとなる。また効率よくタンパク質が摂れる。①の上新粉はうるち米を原料とし、②の白玉粉はもち米を原料としている。④のデュラム粉は、小麦が原料である。

25　解答▶② ★

　植物の色は、フラボノイド、カロテノイド、ベタレイン、クロロフィルの4種類の色素に大別される。フラボノイドは橙～紫～青を示しアントシアンはこれらの色を発色する色素群の総称で花色やリンゴ等の果実に含まれる。カロテノイドは、黄～橙～赤を示しニンジンやトマト植物全体に存在しリコピン（赤）、キサントフィル（黄）が含まれる。ベタレインは、サボテン等に存在し黄～赤～紫を示す。クロロフィルは、緑を示す。

26　解答▶① ★

　代謝によりエネルギー源となる栄養素は、糖質、脂質である。また、飢餓（きが）時には生体のエネルギー需要を充足するために筋タンパクを分解してエネルギー源となる。しかし、無機質とビタミンはエネルギー源にはならない。

27　解答▶③ ★★★

　①は販売農家、②は主業農家、④は兼業農家の説明。30a は農業経営体の要件。10a は農家の要件。

28　解答▶①　　　　　　★★
　令和元年度の品目別自給率（重量ベース：国内生産量／国内消費仕向量×100、概算値）では、①野菜79%、②豚肉49%、③果実38%、④牛肉35%となっている。

29　解答▶②　　　　　　★★
　語源は農林水産業（第1次）、加工（第2次）、流通・販売（第3次）の次数の数値を合計・かけあわせであったが、現在は、加工賃や流通マージンなどの今まで第2次・第3次産業者が得ていたものを、第一次産業者（農業者）自身が付加価値などに付けることにより収益（利益）を得て、第一次産業（農業）を活性化させようという意味で使われている。具体的な付加価値としては、ブランド化、消費者への直接販売、レストランの経営などがある。①六次産業化は農産加工や農産物直売事業も該当する、六次産業・地産地消法により認定され増加している。

30　解答▶④　　　　　　★★
　JAは農業協同組合、すなわち農協の愛称で、Japan Agricultural Cooperatives が語源である。①CO－OP は cooperative 略で一般的には生活協同組合（生協）。② Good Agricultural Practices の略で農業生産工程管理。③ Japan International Cooperation Agency の略で独立行政法人国際協力機構。

選択科目［栽培系］

31　解答▶①　　　　　　★
　水田の水は、養分、水分の供給のほか、雑草の発生を抑え、肥料の効果を調節し、水の保温力を利用してイネを寒さから守るはたらきがあり、これらのはたらきをうまく利用して管理することが大切である。

32　解答▶①　　　　　　★★★
　田植え後、茎の伸長・葉数の増加に従い、分げつが増加する。その後、茎の中で穂の分化が行われ、出穂・開花する。

33　解答▶③　　　　　　★★
　トウモロコシの穂（花）は、雌雄が分かれており、雄穂は茎の先端に、雌穂は茎の比較的下部の節につく。1本の茎に雌穂が1～2本着生する。雌穂は絹糸（シルク）と呼ばれる長い花柱が伸びるが、花柱が苞葉の先端から出始めたときが開花である。①雄穂、②葉、③雌穂、④支柱根である。

34　解答▶②　　　　　　★
　①②キュウリはウリ科で、同じ株に雌花と雄花がある雌雄同株。④親づる、子づる、孫づるなど、全てに開花・着果する。

35　解答▶③　　　　　　★
　接ぎ木は、病気抵抗性や土壌適応性を高くすることが主な目的である。接ぎ木によって台木の性質は穂木には表れないため、肥大や果実の品質が大きく変わることはない。

36　解答▶④　　　　　　★★
　写真はキウイフルーツである。キウイフルーツやブドウなどは、つる性果樹に分類される。

37　解答▶④　　　　　　★
　ブドウは生食だけでなく、ワインなど加工することの多い果樹である。①常緑ではなく落葉果樹。②熱

帯ではなく温帯果樹。③おしべとめしべが同一花内にある両性花である。

38 解答▶④ ★
写真は接ぎ木ナイフで台木に切り込みを入れ、調整された穂木をさし込んだ枝接ぎである。枝接ぎには切り接ぎ、割り接ぎ、腹接ぎがあるが、写真は割り接ぎである。

39 解答▶③ ★★★
収穫後に追熟処理を行うことにより果実が可食状態になる果樹は、セイヨウナシ、キウイフルーツ、バナナなどがある。

40 解答▶④ ★★★
ケイトウ、マリーゴールド、サルビアは春まき一年草である。

41 解答▶② ★★
キクは様々な品種と栽培技術との組み合わせで周年栽培が可能である。また、日当たりが良く、土は腐葉土等が多く水はけの良い弱酸性が適する。秋ギクは短日植物である。

42 解答▶④ ★★★
肥料成分の多い土は、さし穂の切り口が腐敗する可能性が高くなる。①さし穂の葉は2〜3枚程度残してさす。多すぎると葉から蒸散する水分量が多くなり、さし穂は萎れる。葉を全て取り除くと、発根を促す植物ホルモンが足りず、発根しない。②③さし穂の切り口はきれいに切断し、乾かさないようにしてさすが、サボテン類は乾かしてからさす。

43 解答▶② ★★★
スイートピーやアサガオは硬い種皮をもつので、硬実種子という。あらかじめ一晩水に浸したり、種皮に傷を付けたりすることで発芽しやすくなる。

44 解答▶④ ★
種子の発芽条件は、温度・水分・酸素である。この中で、酸素をコン

トロールするのは困難であるので、低温・乾燥の条件下で管理するのが基本である。

45 解答▶③ ★
冷害により収量は減少する。イネの冷害の対策としては、冷水のかけ流しを避け、水深を深く管理することが有効である。

46 解答▶④ ★★★
ピートモスは主にミズゴケなどが低温・酸欠状態で長期間堆積したもので、繊維質で通気性や保水性に富むが、肥料分は少なく酸性である。

47 解答▶④ ★
モンシロチョウの幼虫（アオムシ）は、キャベツ、ダイコン、ハクサイなどアブラナ科野菜の重要害虫である。

48 解答▶④ ★★★
地温上昇抑制の効果のあるマルチング資材は、稲わら・麦わらマルチが最も効果的である。他に刈り取った草等も同様の効果があり、マルチとしての利用が多い。ポリエチレンマルチは、透明・黒色ともに地温の上昇がある。不織布は保温効果が主である。

49 解答▶① ★
マメ科の根には根粒が共生し、根粒菌が空気中の窒素を土中に取り入れる。この菌は、植物から栄養素をもらう代わりに、大気中の窒素を植物に使いやすいものに変換して植物に養分を返している。③ナス科作物には根粒菌はないがマメ科作物と混栽されることはある。

50 解答▶③ ★
乗用の田植え機である。田植え機には、苗箱で育苗したマット状の苗を乗せる部分と、移植、植え付けのツメの部分がある。

選択科目［畜産系］

31 解答▶② ★★
①白色レグホーン種は卵用種、③名古屋種は卵肉兼用種、④白色プリマスロック種は肉用種である。

32 解答▶④ ★★
①換羽は日長時間が短くなる秋から冬にかけて起こる。②日長時間が長くなる時期は繁殖機能が促進される。③ニワトリに汗腺はなく、体温は40.5℃〜42℃である。ペックオーダー以外に、ニワトリは出血したところや産卵のときに露出した総排せつ腔を好んでつつく。これをカンニバリズムという。つつきを防止するためにビークトリミング（デビーク、断し）を行うことがある。

33 解答▶① ★★
ニワトリは筋胃の中にグリットをたくわえておき、飼料をすり潰している。イは腺胃、ウは素のう、エは胆のうである。

34 解答▶③ ★★
無精卵や発育中止卵は、腐敗して有毒ガスを発散し、ふ化率を低下させてしまう。これを防止するために検卵を行い、見分ける必要がある。④は転卵を行う目的である。

35 解答▶② ★★
①飼育期間は早いもので6週齢、通常は8週齢くらいで出荷される。③スモークチキンは若鶏の内臓を取り除いた中抜きを塩漬け後、湯煮して乾燥し、くん煙したものである。④ブロイラーの飼育期間は産卵鶏に比べて短く、効率のよい飼料摂取と生産性の向上が必要とされる。

36 解答▶③ ★★★
①デュロック種はアメリカ合衆国、②バークシャー種はイギリス、④大ヨークシャー種と中ヨークシャー種はイギリスが、それぞれ原産国

37 解答▶① ★★
②妊娠期間は114日。③ほ乳期間は21〜28日が一般的。④初回交配はおおむね8〜9か月齢。

38 解答▶① ★★
飛節は後肢にある関節のひとつで、おもに下腿骨と中足骨をつなぐ足根骨の部分を指し、後方に関節が突き出したように見える。ブタの体の部位は鼻、耳、ほお、くび、胸前、肩、肘節、前肢、胸、わき腹、下腹、背、腰、膁（けん）、下膁（かけん）、尾、しり、腿、飛節、後肢、繋（つなぎ）、蹄（ひづめ）、管などがある。

39 解答▶③ ★
①子豚の出生時には体脂肪が少なく、寒さに弱いので十分な保温管理を行う。②子豚は体内に抗体を持っておらず、初乳から移行抗体として摂取する。④生後1週間くらいから軟便や下痢になりやすいため、注意が必要になる。

40 解答▶② ★
①はイギリス原産の品種で、タンパク質含量が高い乳を生産する。③はイギリスのジャージー島原産の品種で脂肪分が高い乳を生産する特徴がある。④はドイツのホルスタイン州とオランダのフリースランドで育種改良された品種で最も高い乳量を誇る品種である。

41 解答▶① ★★
オキシトシンの説明である。卵胞刺激ホルモン、エストロゲン、アドレナリンはそれぞれ主に下垂体前葉、卵巣、副腎髄質から分泌されるホルモンである。

42 解答▶③ ★
①前搾りした乳汁中の凝固物は乳房炎であることを示す。②搾乳の最後に乳房炎を防止するために乳頭を消毒液に浸漬する。これをディッピ

第2021年度回

ング（乳頭消毒）という。④前搾りの後に、乳頭の清拭・殺菌を行い、乳頭をペーパータオルで乾燥させる。その後、乳頭カップを装着し搾乳を始める。

43　解答▶③　　　　　★★
　去勢はウシの争いの防止や肉質向上のために行われる。ホルスタイン種の雄も去勢は行う。一般に和牛では2〜3か月齢時に、乳用種では3か月齢までに行う。去勢の方法には挫滅式器具やゴムリングによる無血去勢法と、外科的な（切開抜き取りによる）観血去勢法がある。

44　解答▶④　　　　　★★
　①はカンテツ症、②は尿石症、③は低カルシウム血症（乳熱）、④はケトーシスについての説明で、ケトン体が多量に発生し消化器障害を引き起こす。

45　解答▶③　　　　　★★
　口蹄疫は、口蹄疫ウイルスによるウシ、ブタ、イノシシ、シカなどに発生する法定伝染病で、突然40〜41℃の発熱、元気消失と同時に多量のよだれがみられ、口、蹄、乳頭等に水ぶくれができ、足を引きずる症状がみられる。①②④は監視伝染病のうち、届出伝染病に指定されている。口蹄疫は法定伝染病である。

46　解答▶②　　　　　★★
　①はWCS（ホールクロップサイレージ）、③はTMR、④ウェットフィーディングについての説明。エコフィードは、飼料自給率を高めることや食品廃棄物を減らす目的等から注目されている飼料である。

47　解答▶④　　　　　★
　黄色トウモロコシには、キサントフィルという黄色の色素が含まれていて、卵黄を黄色にする。引き割って与えるほうが消化がよい。粉餌は

ニワトリがえり好みするのを防いで、配合した飼料全体を摂取させるのに有効である。飼育に必要な養分要求量は日本飼養標準に示されている。

48　解答▶④　　　　　★★
　①はイネ科で耐寒性の強い牧草。②はマメ科の牧草で、イネ科牧草と混播し、採草・放牧の両方に利用される。③はイネ科の1年生牧草で北海道から九州まで幅広く栽培されている。

49　解答▶③　　　　　★
　①民間団体では資格制度がある。②アニマルセラピーの歴史は古く、イルカや馬なども対象となっている。④ドイツやオーストラリアでは医療費の削減効果が認められている。

50　解答▶③　　　　　★★★
　①砕土にはハロー、②堆肥散布にはマニュアスプレッダ、④鎮圧にはローラーが主に用いられる。写真はプランタであり、デントコーン等の播種で使用する。

選択科目［食品系］

31 解答▶④ ★★

④の工程が正解である。大豆を洗浄し、水に浸漬した後、加水しながら磨砕し呉を作る。これを加熱し、その後、圧搾して豆乳とおからに分離する。分離した豆乳に凝固剤を添加し一定の温度で保持し凝固させたものを型箱に盛り込み、水分を抜き成型する。

32 解答▶④ ★

①のひりょうずは豆腐を圧搾して水分を除き、練り、つなぎや具材を加えて成形し、油で揚げた製品。②の厚揚げは水分を切った肉厚の豆腐を約200℃の油で揚げた製品。③のがんもどきはひりょうずの別称。④の油揚げは硬めに製造した豆腐を薄く切り、圧搾して水気を除いたのち、120℃の油で揚げ、次いで、180℃から200℃の油で揚げた製品。

33 解答▶③ ★★★

レトルト米飯はレトルトと呼ばれる加圧・加熱調理機で加熱殺菌した米飯。①のα化米は炊くか蒸した飯を高温で急速に乾燥することによって、デンプンがα化した状態の乾燥米飯。②の無洗米は特殊な処理によってぬかや胚芽をほぼ完全に除去した精米。簡便性や安全・安心・高品質が受け入れられ、日常食利用が増加した。④の無菌包装米飯は炊きたての飯を無菌的に包装した製品。

34 解答▶① ★

農・畜・水産物を微生物のはたらきを利用して、原料の姿とは異なった特色ある食品に作りかえたものを発酵食品という。①のみそ、しょうゆ、清酒、漬物、ヨーグルト・チーズなどが該当する。みそは、こうじかびや酵母・細菌類により独自の香りと味わいとなる。

35 解答▶③ ★★

サツマイモは加熱するとデンプンが酵素によって③の麦芽糖に分解され甘くなる。①のブドウ糖は、主に果実に含まれる単糖類。②のショ糖は、二糖類だが、主にサトウキビやサトウダイコン由来の糖類。④の乳糖は、主に牛乳由来の糖類。

36 解答▶② ★

②のジャガイモの皮の緑化は光が当たったためにおきた変化で、あわせてソラニンも蓄積し食中毒の原因ともなる。①のホウレンソウのしおれは水分の蒸散による変化である。③のタマネギの発芽は休眠が打破されたため、④のピーマンの種子の褐変は低温障害あるいは成熟のために発生したもの。

37 解答▶① ★★★

①のダイコンは低温による生理障害が発生せず、水分蒸散が抑えられるような包装をすると非常に長期の保存が可能となる。②のキュウリはピッティング。ピッティングとは、表面にクレーター状の陥没・変色・腐敗などの症状のことで、キュウリ・ナス・ピーマン・カボチャ・トマト・オクラなどでは、7～10℃で起こる。③のサツマイモは内部変色。④のバナナは果皮の黒変という低温障害を起こし、比較的短期間で保存の限界となる。

38 解答▶④ ★★★

ソフトビスケットの製造時の生地の混合では、④のバターやショートニングなどの油脂をクリーム状にする。その後、上白糖を分けて加え、混合し、②の溶きほぐした鶏卵、①のふるいにかけた薄力粉の順で混合が進む。ソフトビスケットの生地に③の塩類は生地の製造中通常加えない。

39 解答▶① ★

卵白は、撹拌により空気を抱き込んで泡立ち、安定な泡を形成する。これを①の起泡性という。新鮮な白身ほどよく泡立ち、ケーキ作りなどに利用される。②の熱凝固性は加熱によって黄身や白身が固まる性質でソーセージなどの結着剤や茶碗蒸しなどに利用する。③の乳化性は黄身に由来する性質で、油と酢を混ぜて作るマヨネーズなどに利用する。④の熱変性とは、タンパク質が熱などにより機能が失われること。

40 解答▶② ★★★

①の比重の測定は、メスシリンダー・牛乳比重換算表・温度計など。②の脂肪の測定は、濃硫酸・イソアミルアルコール・ゲルベル乳脂計・遠心分離機など。③の酸度の測定は、水酸化ナトリウム・フェノールフタレイン溶液・ビュレット・ホールピペット。④の pH の測定は、BTB 試験紙・標準変色表・ビーカーなど。

41 解答▶① ★★

①のアイスクリーム類は、乳及び乳製品の成分規格等に関する省令（乳等省令）において定義され、乳固形分と乳脂肪分が最も多く含まれており、ミルクの風味が豊かに感じられる。植物性油脂を添加することはできない。②は乳固形分10％以上、うち乳脂肪分３％以上。③は乳固形分３％以上。④はシャーベットやかき氷のような製品をいう。

42 解答▶① ★★★

①は牛乳比重計。温度計で牛乳の温度を測定し、牛乳比重換算表によって、15℃のときに比重を求める。②はゲルベル乳脂計や遠心分離機を用いる。③はフェノールフタレイン（指示薬）を用いて滴定法にて求める。④はアルコール試験で調べる。

43 解答▶④ ★★

④のビタミンは、栄養素の代謝を助け、体のはたらきを正常に保つので、微量でよいが、常に必要である。水溶性ビタミンとしては、ビタミンB群・ビタミンC（アスコルビン酸）、脂溶性ビタミンとしては、ビタミンA・D・E・Kなどがある。

44 解答▶③ ★★★

ダイズは10℃以下の水温では24時間程度の浸漬をしないと水分を十分に吸収しない。また、20℃以上の水温で長時間の浸漬をすると微生物が増殖するばかりでなく、ダイズが発芽への生理変化をするために、タンパク質が変性し、凝固性が低下する。③の水温15℃、浸漬15時間がダイズの品種や大きさの違いにより前後するが適している。

45 解答▶③ ★★★

ソーセージの製造では、肉の保存性や結着力を向上させるため、塩漬剤を肉の表面によくすり込み、空気と触れないようにして冷蔵庫で１週間程度保管してからひき肉にする。原料肉が多いときは、③のミートミキサーを使用してよく混ぜる。①のミートチョッパーは、肉ひき機。②のサイレントカッターは、裁肉器械。④のエアスタッファーは充填機のこと。

46 解答▶③ ★★★

原料の糖化と発酵が分離して製造される酒は③のビールである。①の清酒は原料の糖化と発酵が同時に進行する並行複発酵である。②のワインは原料果汁にブドウ糖や果糖を含むので、糖化工程は不要の単発酵である。④のリキュールは醸造酒や蒸留酒に果実・花・葉・根を加えて作り、発酵はせず、熟成だけが進む。

47 解答▶② ★

①は野菜の生食、③はマス・サケ

の生食、④は牛肉の生食である。ま
た、サワガニ・ザリガニの生食に寄
生する肺吸虫がある。②のアニサキ
スは人の胃壁・腸壁に侵入し、腹痛・
吐き気・嘔吐を起こす。熱処理や冷
凍で死滅する。渦巻き状のものが多
い。透明・白色。④の無鉤条虫は、
輸入牛肉・子牛を輸入して育てたウ
シの刺身・牛たたき・レアステーキ
等、加熱が不十分なものから感染す
る。

48　解答 ▶ ②　　　　　★★
　①はクリームをバターチャーンに
入れ、激しく攪拌して、クリーム中
の脂肪をバター粒子に変える。②は
バター粒子を集めて、均一に練り合
わせる。食塩や水分を均一に分散さ
せ、安定した組織のバターを形成す
る。③は冷水を加え、バター粒子の
表面に付着しているバターミルクを
洗い流す。④は殺菌・冷却されたク
リームを5℃前後のタンクで8～12
時間、低温保持する。

49　解答 ▶ ②　　　　　★★★
　②の食品衛生法では、食品の安全
性確保のために公衆衛生の見地から
必要な規制やその他の措置について
定めている。2003年に改訂され、農
薬のポジティブリスト制度の導入に
より、一定量を超えて農薬等が残留
する食品の販売や輸入等が原則禁止
となった。ポジティブリスト制度で
は、すべての農薬等（農薬、飼料添
加物、動物用医薬品）を対象として
いる。

50　解答 ▶ ④　　　　　★★★
　全員参加で機械の保全を計画的に
行い、品質のよい製品を、効率的に
生産することを目的にした活動は、
④ の TPM（Total Productive
Maintenance）活動である。災害・
不良・故障などあらゆるロスを未然
に防止する仕組み。生産部門をはじ
め、開発・営業・管理などのあらゆ
る部門にわたってトップから第一線
従業員にいたるまで全員が参加し、
重複小集団活動により、ロス・ゼロ
を達成することを目標としている。

選択科目［環境系］

31　解答▶③　　★★

倍尺は、実物より大きく作図する。小さな部品等を見やすく表現するために用いる。①実際の対象物とまったく同じ大きさで描く場合に用いる、1：1。②実際の寸法を縮小して描いたときの縮小の比率、1：100など。④曲尺（かねじゃく）は直角に曲がった金属製物差し。長さ、直角を図ったり、勾配を出したりするのに使われる。

32　解答▶②　　★

日本の国土面積は約3,730万haで、森林面積は約2,505万ha。国土に占める森林の割合（森林率）は約67％である。外国では、フィンランド、スウェーデン、韓国の森林率が高い。

33　解答▶④　　★

森林に降った雨の約半分は蒸散や蒸発する。残りは土壌に浸透し、時間をかけて河川に流れていくことで河川の水量が安定している。森林の多面的機能のひとつで「水源かん養機能」という。我が国の森林面積の約5割が保安林（木材生産ではない）。そのうち約70％が「水源かん養保安林」である。

34　解答▶①　　★

踏査・選点は、測量区域内を実際に歩き、地形を調べ、測量方法、器械の種類等を選定し、基準となる点の位置を決めること。骨組測量は、基準になる点の関係位置を定めるために、距離・角度・高さ等を測定すること。細部測量は、骨組の製図結果をもとに細部測量を行うこと。

35　解答▶②　　★

水準測量の誤差には、器械誤差・自然誤差・個人誤差がある。①は器械誤差、③は個人誤差、④は器械誤差である。自然誤差には、温度の変化、風の影響など。器械誤差には、器械の構造または調整不全など。個人誤差には、測量者の視覚の不完全、器械の操作の不慣れなど。

36　解答▶④　　★★★

細い一点鎖線は、中心線、基準線などに用いる。①太い実線は、外形線に用いる。②細い実線は、寸法線、寸法補助線、引出線などに用いる。③太い一点鎖線は、特殊指定線に用いる。

37　解答▶②　　★★

①スギは常緑針葉樹。③シラカシは常緑広葉樹。④コナラは落葉広葉樹。②カラマツは日本固有種で、日本に自生する針葉樹では唯一落葉する。葉の長さは2～3cm。若葉が美しい。唐松・落葉松ともいう。

38　解答▶④　　★

生態系（エコシステム）は、1935年にイギリスの植物生態学者 A.G. タンズリーによって初めて用いられた言葉で、ある地域のすべての生物群集と、それらの生活空間である無機的環境を含めた一つのまとまりを示す。

39　解答▶③　　★★

直径の約3.14倍が外周の長さである。$3.768 \div 3.14 \fallingdotseq 1.2$m。樹木の地際から1.2mの高さ（胸高）の樹幹周長を幹周（略称：C）という。

40　解答▶②　　★★

木材生産を行う針葉樹人工林では、地ごしらえ、植林、下刈り（下草刈り）、除伐、つる切り、間伐、枝打ち、主伐（皆伐・択伐）、搬出などの一連の作業が必要になる。①間伐は、樹木に充分な陽が当たり成長が促されるよう、混みすぎた木を伐採し間引く作業。③下刈りは、苗木の周囲の雑草木を刈り払う作業。④つる切りは、樹木に巻き付いたつる植

第2021年度回

物を取り除く作業。

選択科目［環境系・造園］

41　解答▶③　　　　　★★★

石灯籠は最初神仏の献灯として用いられていた。やがて茶庭などの照明の役目を経て庭園の装飾的な添景物として用いられるようになった。

42　解答▶④　　　　　★★★

重要な部分や、理解しにくいものについて、詳細に書き表す図面。①断面図。地盤・切土・盛土・構造物などの内容を理解する図面。②立面図。施設間の高さ関係、空間の構成、完成の状態を示す目的。③透視図。一般の方にも理解しやすく、鳥かん図、見取り図などが作成される。

43　解答▶②　　　　　★

江戸時代になると、政治が安定し諸大名は江戸屋敷の邸内や自国の城内などに広大な庭園を造った。別名大名庭園。①水を用いず、石や砂で広大な山水を象徴的に表現するもの。③イタリア式庭園ともいう。傾斜地の地形をいかして、そこに建物と庭園が作られた。④フランス平面幾何学式庭園ともいわれ、平担地に平面的で広大な庭園。

44　解答▶①　　　　　★★

街区公園は1か所当たり面積0.25haを標準として、誘致距離250mの範囲内で配置する。①住区基幹公園には、街区公園・近隣公園・地区公園がある。②都市基幹公園には、総合公園・運動公園がある。③特殊公園には、風致公園・動植物公園・歴史公園・墓園・その他。④大規模公園には、広域公園・レクリエーション都市がある。

45　解答▶③　　　　　★

A：コナラの葉は付け根に向かって細くなっており、ドングリは細長い。B：クヌギの葉は細長い形をしていて、ドングリは丸い。どちらも

ブナ科で落葉広葉樹。雑木林の主な構成樹木である。

46　解答▶②　　　　　★★

根回しとは、現在の生育地で、前もって太根の一部切断または環状剝皮し、残った根に細根の発生を促進させて、掘り上げ作業や移植後の活着と生育を容易にさせる「溝堀り式」、または「断根式」で、断根式は幹の周囲を簡単に掘りまわす方法で比較的浅根性のものに行う。①ふるい掘りとは太い根を切らずにその先端までたぐって掘り上げる方法。③凍土法は寒冷地での方法。④水極め法は植え穴に土を埋め戻し、水を注いで泥状にして植え付ける方法。

47　解答▶①　　　　　★★

マダケは直径5cm程度のものを使用する。節には環が2つあり、この形で末口（先端）と元口（根元）の方向が分かる。節間が長く、材質部は薄く、竹細工の材料に多く用いられる。②モウソウチクは茎が太く厚い。タケ類の中では最大。竹材やタケノコに利用される。

48　解答▶④　　　　　★★

さし木により母樹と同様の花を咲かせ、枝葉や樹形も類似したものが得られる。同一品種を増やしたり、苗木の生育期間を短縮し経費の削減ができる。その他、造園樹木の繁殖方法には、実生、接ぎ木、取り木、株分けなどがある。

49　解答▶③　　　　　★★

③④テングス病はサクラ類（ソメイヨシノに多い）に発生し、枝の一部が膨らんでこぶ状になり、患部から不定芽が異常に発生し、ほうき状（天狗の巣）、鳥の巣状になる。①②チャドクガは毒毛をもつ不快害虫であり、ツバキ類、サザンカ、チャノキなどに時々異常に発生し、葉を食い尽くすことがある。

50　解答▶①　　　　　★★

ロッキー山脈の雄大な自然風景を対象に広大な面積のイエローストーン国立公園を1872年に制定した。この公園面積は約9,000km²。大部分はワイオミング州に属するが、隣接するアイダホ州とモンタナ州にも及んでいる。

第2021回度　年度

41 解答▶④　　　　　　★
（A）10.109－0.116＝ 9.993
（B） 9.993＋0.956＝10.949

42 解答▶④　　　　　　★★★
①前後視準板が定規底面に直交すること。②気ほう管軸が基準線と平行であること。③視準面は定規縁底面に直交であること。

43 解答▶②　　　　　　★★
　材料に引張力Ｐを加えると、これに対応した応力σが材料内部に発生する。材料は応力に比例した断面の収縮とともに伸びが発生し、力を加える前の長さＬはΔＬだけ伸びる。このときの両者の伸びの比率をひずみという。①外力に対して構造部材の内部に生じる単位面積当たりの力。③物体に力を加えると変形するが、この力を取り除いたとき、元の状態にもどる性質。④物体に支点を中心とした回転運動を起こさせようとする作用。

44 解答▶①　　　　　　★★★
断面積 A＝5×5＝25cm^2
$$\sigma=\frac{P}{A}=\frac{100N}{25cm^2}=4N/cm^2$$

45 解答▶④　　　　　　★★★
　代償の資源、環境を置換または供給することにより、影響を代償すること。①は回避。②は最小化。③は修正。

46 解答▶①　　　　　　★★
　水分量によって左右するフレッシュコンクリートの変形あるいは流動に対する抵抗性を表す用語。②は材料分離を生じることなくフレッシュコンクリートの練混ぜ、運搬、打込み、締固めなどの作業が容易にできる程度を表す用語。③は仕上げ作業のしやすさを表す用語。④は材料の分離に対する抵抗性を表す用語。

47 解答▶②　　　　　　★★
　問題のア～エにはそれぞれ②の解答が当てはまる。

48 解答▶③　　　　　　★★
①客土は、他の場所からほ場へ土壌を運搬して理化学的性質を改良する工法。②心土破砕は、重粘土層などの土層を破砕し膨軟にして透水性や保水性を高める工法。④混層耕は、理化学性の劣る表土を耕起して混和したり反転して肥沃な土層と作土を置き換える工法。

49 解答▶④　　　　　　★★
断面積 A＝4.0×2.0＝8.0m^2
$$v=\frac{Q}{A}=\frac{1.6}{8.0}=0.2m/s$$

50 解答▶④　　　　　　★★
　粘土 1 μm～ 5 μm、シルト 5 μm～75 μm、砂 75 μm～2.0mm、礫 2.0mm～75mm。

選択科目 〔環境系・林業〕

41　解答▶①　　　　　　　★

　③森林の土壌は水を浸透させる能力が高いことから、土壌の表面を流れる雨水の量を減少させ、浸食力を軽減する機能（土砂流出防止機能）がある。これと、①土砂崩壊防止機能やなだれ防止機能、落石防止機能をあわせて、山地災害防止機能という。

42　解答▶②　　　　　　★★★

　①亜熱帯林－アコウ、ガジュマル、木生シダなど。②暖温帯林（暖帯林、照葉樹林）－シイ類やカシ類、タブノキなどの常緑広葉樹を主とする。③冷温帯林（温帯林、夏緑樹林）－ブナ、ミズナラ、カエデ類などの落葉広葉樹を主とする。④亜寒帯林－モミ類やトウヒ類の常緑針葉樹を主とする。

43　解答▶④　　　　　　★★

　ヒノキは奈良、京都などの寺院の建築材として古くから使われており、木材表面の美しさや香りから高級な建築材などとして使われている。①木炭の原料やシイタケ原木に用いられるのはコナラやクヌギなど。②はカラマツのこと。ヒノキは常緑樹で冬でも葉を付けている。③はスギのこと。

44　解答▶④　　　　　　★★

　樹木の伐採後に残された根株から芽が出て、これが成長することを萌芽というが、コナラ、クヌギ、キリなど多くの広葉樹で萌芽更新が可能である。針葉樹ではほとんど萌芽が発生しない。

45　解答▶③　　　　　　★

　天然林などの一次林は、人間活動の影響をほとんど受けない森林で、樹種の構成や階層構造が多様である。伐採や自然災害などの結果でき

上がった森林を二次林という。スギなどの苗木を植栽してできた森林は人工林であり、二次林に含まれる。

46　解答▶①　　　　　　★

　木材等の森林資源は持続可能な資源であり、伐採後は植林するなど循環利用することが大切。②保育作業には、下刈りや間伐などがあり、木材として収穫できるまでの期間、作業する必要がある。③近年、植栽後の造林地でのシカやイノシシなどの獣害が問題となっている。④除伐の説明。下刈りとは、植栽木を植え付けした後、数年間は植栽木の成長を阻害する雑草等を刈り払い植栽木を保育していくこと。

47　解答▶②　　　　　　★★

　高性能林業機械とは、従来の林業機械に比べて、作業の効率化、身体への負担の軽減等、性能が著しく高い林業機械。国内で導入が進んでいる。②フォワーダは玉切りされた木材の集材、運材を行う。①スイングヤーダは集材。③プロセッサは枝払い、玉切り、集積を行う。④ハーベスタは立木の伐倒、枝払い、玉切り、集積を一貫して行う。

48　解答▶②　　　　　　★

　①つるは、受け口と追い口の間の切り残しの部分。つるが支点となり「ちょうつがい」のはたらきをする。伐採にあたっては安全確保のため、つるを必ず残すようにする。③受け口は、伐倒方向の地ぎわ近くに設ける開口部。④くさびは、これを打ち込んで伐採方向を確実にし、最終的に樹木を伐倒する。

49　解答▶④　　　　　　★

　①フーベル式は中央断面積に丸太の長さをかけて求める。②スマリアン式は元口と末口の断面積の平均に丸太の長さをかけて求める。③リーケ式は元口と末口と中央の断面積す

べてを利用して求める。

50 解答▶② ★

　写真は測竿、木の根元から伸縮式のポールを伸ばして樹高を測定する機器。①ブルーメライスも樹木の樹高を測定する機器であるが、写真はブルーメライスではない。③輪尺は、立木の太さを計測する器具で、胸高直径（地際から120cm地点の太さ）を山側（高い方）から立木を挟み込んで、2cm単位で計測する。④トランシットは、望遠鏡で視準した点または方角に対する角度を計測する測量器械。

共通問題［農業基礎］

1　解答▶③　　　　　　　　★★

発芽とは、成熟した種子が吸水して種子の一部である胚から幼根が種皮を破って出てくる一連の過程をいう。一般に、発芽に必要な外的要因には水・温度・酸素が挙げられthese
を発芽の3条件という。水は胚で行われる発芽に必要な様々な化学反応に必要な酵素の合成や活性化に使われ、種子の発芽に吸水はスターターの役割を担っている。温度は、発芽の際に行われる各種化学反応に必要となる。しかし、必要となる温度（最適温度）は、植物によって異なり温帯では20～25℃の植物が多い。酸素は発芽に必要なエネルギーを得るため（呼吸）に必要となる。また、光の存在も発芽に大きな影響を及ぼし、発芽に際して光の刺激が必要な植物（光発芽（好光性）種子）と光が発芽を阻害する植物（暗発芽（嫌光性）種子）がある。また、多くの栽培作物は、品種改良の過程を経て光に影響されない非光感受性種子である。

2　解答▶①　　　　　　　　★

無胚乳種子は発芽に必要な養分を胚の一部である子葉に蓄えているので胚自体が自らの力で発芽している。無胚乳種子は有胚乳種子から進化したと考えられるが、その進化の仕組みは未だ不明である。ダイズやコーヒーなど豆類やクリ、ヒマワリなど食用となる種子は養分を蓄えて肥大した子葉を食べていることになる。有胚乳種子にはトウモロコシ、イネ、トマト、ナス、タマネギなどがあり、無胚乳種子にはダイズ、レタス、キャベツ、キュウリなどがある。

3　解答▶④　　　　　　　　★★

昼夜時間の長さが植物の花芽形成に影響する性質を光周性という。植物は光があたらない時間の長さ（暗期）の変化で花芽を形成している。花芽形成に必要な暗期の時間を限界暗期という。限界暗期より暗期が長くなると花芽を形成する植物を短日植物（夏至を過ぎてから冬に向かって咲く）、暗期が短くなると花芽を形成する植物を長日植物（冬至を過ぎてから初夏にかけて咲く）という。また、暗期の途中に光を一定時間あてる（電照栽培）と長日植物は花芽形成するが、短日植物は花芽形成ができない。また、日照時間の長さに関係なく花芽形成する植物を中日植物という。

ホウレンソウやレタス、カーネーションは長日植物である。キク、イチゴは短日植物、バラやシクラメンは中性植物である。

4　解答▶②　　　　　　　　★

生産性の高い土壌＝肥沃な土地は一般的に黒色をしている。それは、土壌中に含まれる腐植が黒色をしていることに由来する。土壌が肥料成分を蓄えるには粘土質の存在等他の要因もあるが腐植の果たす役割は大きい。腐植は、土壌中の有機物が土

壊中の微生物により分解された中間生成物（例えるなら分解されて残ったカス）と土壌中の鉄やアルミニウム等が結合した物質である。したがって、堆肥や落ち葉など有機物を土壌に施すと腐植は増える。腐植には、土壌の団粒構造化、保肥力の向上、pHの緩衝能力の向上、カドミウムなど重金属の吸着等植物の生長に有用な働きがある。

5　解答▶③　★★★

　土壌は岩石が空気や水によって砕かれて小さくなり、枯れ葉等の植物が微生物によって分解され有機物として堆積した結果作られたものである。土壌の種類は、黒ボク土とそれ以外の沖積土、洪積土、砂質土に分けられる。そして、これらの土の構成割合で土壌の性質が決定し、作物を栽培する上で重要な透水性や保肥力、養分含量に影響する。

　土壌の性質は、砂土、壌土、埴土に分けられ、一般に、透水性は砂土＞壌土＞埴土の順に、保肥力は埴土＞壌土＞砂土、養分含量は埴土＞壌土＞砂土の順になる。田土は埴土に分類される。

6　解答▶③　★

　日本では、肥料取締法により「肥料とは、植物の栄養に供すること又は植物の栽培に資するため土壌に化学的変化をもたらすことを目的として土地にほどこされる物及び植物の栄養に供することを目的として植物にほどこされる物」と定義され、土壌改良材を含めてその効果が確認されているものが登録され流通販売されている。また、この法律は肥料成分の表示方法も規定しており肥料袋の表示は左から窒素、リン酸、カリの順にその成分割合が示されている。肥料は、個人で使用するために製造・輸入する場合、登録届け出等

の手続きは必要ないが、無料であっても他人に譲渡する場合は手続きが必要となる。

7　解答▶①　★

　野菜の多くは酸性土壌での栽培に適していない。多くの野菜は、弱酸性（pH5.5～6.5）の土壌を好む。アスパラガスやホウレンソウは酸性土壌では生育不良となりやすい。ジャガイモやサツマイモは比較的酸性土壌であっても生育する。また、ブルーベリーは、pH5程度の酸性土壌を好む事が知られている。

8　解答▶②　★

　pHが7未満の土を酸性土壌といい、多くの作物での適正な土のpHは5.5～6.5の弱酸性である。日本の土壌は、火山灰が元になっているものが多く、多雨の気候条件から酸性土壌が多く、リン酸やマグネシウム等、作物が必要とする養分を利用できなくなるため、酸性土壌を中和改良する必要がある。

9　解答▶④　★

　干害は日照りによって夏季などに発生する気象災害。寒害・凍害は冬季に低温によって生じる気象災害。冷害は、日照不足を伴うことが多く出穂期に必要な気温が得られないことから不稔が多くなったり、いもち病が発生しやすくなるなど稲作に大きな影響を及ぼすことがある。冷害のうち東北地方の太平洋側（三陸地方など）で発生する冷害をやませと呼ぶ。やませは、6月～8月頃に吹く冷たく湿った東よりの風によって引き起こされる。この風は寒流の親潮の上を吹き渡ってくるため冷たく水稲を中心に農産物の生育と経済活動に大きな影響を与える。

10　解答▶④　★

　トマトはナス科、他のナス科野菜としてはピーマン、ジャガイモなど

がある。①ウリ科、②アブラナ科、③セリ科である。生物の分類には、その生理的特性や進化の系統によって分類する自然分類と人間の生活上の都合などによって分類する人為分類に大別される。日本で栽培されている野菜の種類は約150種類といわれ、その品種の数は1,000を超えるともいわれている。自然分類法による野菜の分類は、輪作など栽培方法を検討する上で重要になる。また、緑黄色野菜や淡色野菜など野菜の色による分類は、食物としての栄養の摂り方等で必要になる。

11　解答▶③　　　　　　★★

キクとカーネーションは宿根草、アジサイは花木に分類される。草花の増殖方法は、開花後の種子を用いる種子繁殖と葉や茎や根など植物の体の一部を元に繁殖する栄養繁殖がある。栄養繁殖は受精しないので親株と同じ形質の個体を繁殖することができる。球根は栄養繁殖の一つで元になる球根（親株）を成長させて発生した球根（子株）を分離させて個体を増殖させる。これを分球という。球根は、葉が重なった鱗茎(チューリップ、ユリ、タマネギ等)、茎が肥大化した球茎（グラジオラス、フリージア、コンニャク等）、地下茎が肥大化した塊茎（シクラメン、アネモネ、ジャガイモ等）、地下茎が水平方向に伸びて肥大化した根茎（カンナ、ハス（レンコン）、ショウガ等）根が肥大化した塊根（ダリア、サツマイモ等）の5種類に分けられるが狭義の意味でいう球根は鱗茎を指すことが多い。

12　解答▶①　　　　　　★★

同じ株の中に雌花と雄花が別々にあるもので、キュウリなどのウリ科やトウモロコシ、ホウレンソウなどがある。一般にイネやトマト、ナスは両性花である。なお、別の株のものを雌雄異株という。

13　解答▶③　　　　　　★

セイヨウミツバチは家畜用として改良され、明治時代にアメリカから輸入されたといわれている。ミツバチは受粉用昆虫としてなくてはならない「農業資材」となっている。②も訪花昆虫であるがハウス内での利用はほとんどなく、幼虫はアブラムシ対策の益虫。

14　解答▶④　　　　　　★★

一説によるとニワトリの品種は、世界で約250種、日本では50種といわれている。その品種は卵用品種（白色レグホーン種等：主目的が卵の生産）、肉用品種（白色コーニッシュ種等：主目的が食肉の生産）、卵肉兼用品種（ロードアイランドレッド種等：卵の生産と肉の生産を目的）、観賞用品種（土佐オナガドリ等：観賞用）の4つの品種に大別される。しかし、観賞用品種を除いた品種群は、その用途が明確に分かれているわけではなく卵用品種でも産卵効率が落ちて廃鶏となると食肉市場に出荷されることもある。また、ニワトリはウシやブタに比較すると成長速度が速く飼料が肉になる効率が高い。

15　解答▶③　　　　　　★★

家畜は、周年繁殖動物：年間を通じていつでも妊娠（繁殖行動）することが可能な家畜と季節繁殖動物：繁殖行動が活発になる季節がある動物に分けられる。ブタやウシは周年繁殖動物であり、ウマやヒツジ、ヤギは季節繁殖動物である。また、季節繁殖は、高冷地など気候や食物（エサ）の量等が季節に大きく影響される地域で飼育するのに適した繁殖行動である。

第2回　2020年度

16 解答▶① ★★★

ニワトリの卵で、ふ化する条件を満たしたものを有精卵というが、卵用品種等の産業養鶏で用いる有精卵を種卵と呼ぶ。種卵では、ふ化率（ふ化したヒヨコの数と温めた卵の数の割合）が90％程度を求められ、その為には親鶏の栄養状態等がしっかりしている必要がある。種卵のふ化適温は37.5℃、ふ化湿度は40％〜50％でありこの条件が満たされ21日間経過しないとふ化しない。一般にふ化のために鳥が卵を抱いて温めることを抱卵というが、養鶏ではふ化器を使ってふ化させる。また、抱卵（加温）時に卵の位置を変えることを転卵という。

17 解答▶② ★★

乳や肉などの生産物や労働力が人間の生活に有用なものを産業動物という。これに対しペットとして飼育される動物を愛玩動物という。ウシは、代表的な産業動物で、トラクタ等の農業機械が普及するまでの農作業の労力としてウマと並んでウシは欠くことのできない動物であった。また、ブタやニワトリは豆類や穀類を飼料として飼育されるので人の食料と重複するが、ウシは、草食動物であり人が直接利用することができない牧草を飼料として飼育され牛肉や牛乳を効率良く生産している。また、牧草を消化するために胃を4つ持っている。

18 解答▶① ★★

写真はドウガネブイブイである。主に葉を食害し、ブドウやウメなどの果樹では重要害虫である。幼虫は広食性であり、多くの作物の根部を摂食する。

農作物は、自然界の植物に比較して圃場の生物相が単純なため、発生する昆虫の天敵も少ない。そのた

め、一度害虫が発生すると飛躍的に被害が広がる。害虫の被害は、葉や茎が食べられて成長に影響する食害、作物の体液が吸汁されることで成長不良や奇形果が発生する吸汁害、枝や茎に侵入または寄生した結果できる虫こぶ等が起こる。

19 解答▶④ ★★★

メヒシバ、オヒシバは畑地雑草、写真はコナギである。

農業では、作物に直接または間接的な害をもたらし、その生産を減少させる植物を雑草という。雑草は、主に水田に侵入する水田雑草（湿地を好む）と畑に侵入する畑雑草（乾燥地を好む）に大別される。雑草の特徴の1つに農作物に似た形態や生活史を持つ擬態がある。水田雑草のタイヌビエ（イネ科）は、出穂期まではイネと酷似している。雑草の被害は、光や土壌養分の競合による収穫の減少や病害虫の発生源となること等が挙げられる。防除方法には草刈りや除草剤の使用、防草シートの敷設などがある。

20 解答▶② ★

マメ科の根は空気中の窒素を土に固定する根粒菌が存在し、作物と共生関係にあり、この特性によりアンモニアに還元した形で窒素成分を吸収利用できるため少ない窒素施肥量で栽培できる。

21 解答▶③ ★★

稲の籾（もみ）から籾殻（もみがら）を除去した状態の米が玄米である。そこから、精米工程により、表面を削り取ると白米となり、削り取られた部分がぬかである。一般的に日本では、ぬか（糠）はコメの精白過程で生じたものと認識されているが、本来は穀類を精白する過程で除去された果皮や種皮、胚芽などの部分をいい、英語圏では Bran と呼ば

れる。また、小麦のぬかは、ふすま（麩）とよばれる。ぬかは、漬物に利用されるほかに近年は健康食材としてクッキー材料など多用途に利用されている。

22　解答▶②　　　　　　　　★

　20種類のアミノ酸が多数結合しているタンパク質である。結合しているアミノ酸の種類や数の違いで、タンパク質の名称が変わる。タンパク質は、主に魚・肉・卵乳などに多く含まれている。タンパク質の構成物質であるアミノ酸は自然界に約500種類あるといわれるが、そのうち人の体を構成するタンパク質は20種のアミノ酸から構成されている。このアミノ酸のうち体内で合成できない9種のアミノ酸を必須アミノ酸と呼び、食物として摂取しなければならない。

23　解答▶④　　　　　　　　★

　①納豆は蒸煮大豆を納豆菌で発酵させたもの。②味噌は大豆・麹・塩を合わせて発酵熟成させたもの。③ヨーグルトは乳を乳酸発酵させたもの。④豆腐はダイズから搾った豆乳を凝固剤で凝固させたものである。酵母菌など微生物の働きにより食材を長期保存が可能なもの（キムチ等漬物）にしたり食味をよくしたり（パン、納豆や鰹節等）食材を新たな食品にする（醤油、酒、味噌等）など人にとって有益な微生物の働きを発酵という。これに対し食材を人が利用できないようにする変化を腐敗という。

24　解答▶③　　　　　　★★★

　農家とは、経営耕地面積が10a以上の農業を営む世帯または農産物販売金額が年間15万円以上ある世帯をいう。なかでも、経営耕地面積30a以上または農産物販売金額が年間50万円以上の農家を販売農家という。

販売農家は、総所得に占める農業所得の割合によって主業農家等に分けられるとともに兼業従事者の存在によっても分類される。また、農業所得とは、農業粗収益（農業経営によって得られた総収益額）から農業経営費（農業経営に必要とした経費）を差し引いた金額をいう。

25　解答▶①　　　　　　　★★

　平成28年の農林水産省の品目別自給率のデータでは、豆類が8％、米が97％、砂糖類が28％、鶏卵が97％となっている。

　食料供給に対する国内生産の割合を示す指標を食料自給率という。食料自給率には、その品目の重量で計算する品目別自給率と、その食料の金額や熱量（カロリー）を単位として計算する総合食料自給率がある。令和元年度のカロリーベース総合食料自給率＝1人1日当たり国産供給熱量（918kcal）／1人1日当たり供給熱量（2,426kcal）＝38％。生産額ベース総合食料自給率＝食料の国内生産額（10.3兆円）／食料の国内消費仕向額（15.8兆円）＝66％となっている。

26　解答▶①　　　　　　　　★

　GAPとは、Good Agricultural Practiceの略で「ギャップ」と読む。日本語では、農業生産工程管理ともいう。この取り組みを農家や産地が行うことで、生産管理の向上、効率性の向上、農業者や従業員の経営意識の向上に繋がる効果や我が国の農業の競争力強化にも繋がると期待されている。具体的な取り組みとして農薬や肥料の保管や農機具の整理整頓の徹底、生産履歴の記帳、農場内の点検と課題や問題点の改善及びその内容の記録等が挙げられる。また、この取り組みを第三者機関に審査され認証されることをGAP認証

第2回 2020年度

という。

27　解答▶③　　　　　　★
　欧州では、農村に滞在しバカンスを過ごすという余暇の過ごし方が普及している。英国ではルーラル・ツーリズム、グリーン・ツーリズム、フランスではツーリズム・ベール（緑の旅行）と呼ばれている。グリーン・ツーリズムは、都市住民に自然や農山漁村の人とふれあう機会を提供するだけでなく、農山漁村を活性化させ、新たな産業を創出する可能性があると考えられている。このため、いわゆる農家民泊を推進し、ゆとりある国民生活の実現を図るとともに農山漁村地域において都市住民を受け入れるための条件整備を目指して「農山漁村余暇法」（略称）が平成6年に制定された。

28　解答▶④　　　　　　★
　スマート農業はロボット技術等の導入により農作業の自動化・省力化やドローンによる防除等により農作業や栽培管理の負担が軽減される農業である。後継者不足対策や省力化、栽培技術の平準化、減農薬等により持続可能な農業経営の可能性等新時代の技術であるが、課題としては、導入に伴う初期費用が高価になることが多いことや現状では業者間でのソフトウェアやデータ形式の標準化が進んでおらず共有化に難点があること等が挙げられる。

29　解答▶②　　　　　★★
　面積1aは10m×10m＝100㎡である。1haは100m×100m＝10,000㎡である。

30　解答▶②　　　　　　★
　写真は自脱式コンバイン（稲刈りと脱穀を連続して行う）。稲作は、最も機械化、省力化が進んでいる作目のひとつである。昭和四十年代末には、播種－育苗－田植え－管理－刈り取り（収穫）－脱穀－乾燥・調製・保管まで一体化した機械化が確立されている。稲作の機械化で画期的なことは田植え機とコンバインの開発である。10a当たりの労働時間は、田植え機により23時間が3時間にコンバインにより稲刈り・脱穀時間は36時間が4時間に省力化されたとされている。

選択科目［栽培系］

31 解答▶① ★★★
①は胚乳、②は胚、③は内えい、④は外えい（もみがら）である。たねもみの構成は、もみがらと玄米であり、玄米はその外側を薄い種皮と果皮で包まれ、内部は胚と胚乳からできている。胚には幼（よう）葉（よう）鞘（しょう）（鞘葉とも呼ぶ）や幼根など、将来、植物体になる器官のもと（原基）がある。胚乳は、この器官のもとが育つための養分の貯蔵場所になっている。

32 解答▶③ ★
①ジャガイモはナス科の作物で塊茎を利用する。②収穫後の休眠期間は2〜4ヵ月で、その後5〜10℃の環境になるとほう芽を始める。③栽培期間は約120日である。④原産は南アメリカアンデス山系の高地といわれ、冷涼な気候に適している。

33 解答▶① ★
②ポップコーン（爆裂種）は菓子類への利用、③フリントコーン（硬粒種）は主に飼料用、工業原料用に利用、④デントコーン（馬歯種）は主に飼料用として利用されている。

34 解答▶① ★★★
イネの葉は①葉身、②葉舌、③葉耳、④葉しょうのほか、分げつ芽、節などから成る。

35 解答▶② ★★
真夏になると、土壌中の酸素が不足して根が弱るため、土地を乾かし、土中の有害物質を取り除き、根に酸素を送る作業が中干しである。土地が乾くと肥料成分が吸収されないため、不要な分げつも止まる。③は間断灌漑の説明。

36 解答▶① ★
②雑種強勢による雑種第一代で得られる特性は、その雑種代にしか現れないため、種子として利用ができず、毎年種子を購入しなければならない。③メンデルの法則が当てはまる。④トウモロコシは F_1 利用の代表例である。

37 解答▶④ ★★★
スイカやキュウリなどのつる性作物で茎が太く、葉も大きく、見かけは良いが着果不良や果実の品質が悪化するのが「つるぼけ」である。これは窒素肥料が多過ぎることによる徒長的生育が原因である。

38 解答▶② ★
葉3枚ごとに花房が着生する。その葉と茎との間からえき芽（腋芽）が発生する。

39 解答▶① ★
ハクサイの収穫適期は、種まき後の日数（60〜70日）と結球のしまり具合で判断する。

40 解答▶④ ★★★
岐根は、直根の先端が傷つき、分岐した結果、枝わかれをしたダイコンである。堆肥以外の枝や石ころ、害虫被害でも発生する。ダイコンの肥料は化学肥料が原則である、未熟堆肥も発生原因となる。

41 解答▶① ★★
キクはさし芽や株分けで殖やす。プリムラは種子繁殖または株分け、パンジーは種子繁殖、スイセンは分球。

42 解答▶② ★★★
①はニチニチソウ、③はマリーゴールド、④はプリムラポリアンサである。

43 解答▶③ ★★
写真の種子は③マリーゴールドである。①パンジーの種子はごま粒状に丸く小さい。②スイートピーはマメ科でダイズ粒状に大きい。④ヒマワリは半月状の形をしている。

第2回 2020年度

44　解答 ▶④　　　　　★★

④チューリップは有皮りん茎類に分類される秋植え球根。①スイセンは有皮りん茎で秋植え球根。②ユリは無皮りん茎で秋植え球根。③グラジオラスは球茎で春植え球根。

45　解答 ▶④　　　　　★★

微細粒種子は播いた後にじょうろなどで上から潅水すると、種子は水で流れ出てしまう。このため、播種後は底面から給水させる。

46　解答 ▶③　　　　★★★

③ベゴニア・センパフローレンスは四季咲き性の花壇苗として、初夏や秋の花壇に植栽される。夏場の暑さや乾燥に弱く、冬の寒さにも弱い。①ハボタンは耐寒性があるため、冬花壇に植栽される。②サイネリアは、2〜4月に開花する花鉢物である。④シクラメンは冬の花鉢物である。

47　解答 ▶②　　　　　★★

ナシやリンゴは収穫時に手で軽く斜め上方に持ち上げるようにすれば、果柄（かへい）（軸）が外れて収穫できる。収穫は簡単であるが、風によって揺れると落果するため、ナシでは棚栽培が行われている。

48　解答 ▶④　　　　　★

写真は、カラタチの実生を育成したものを台木として、穂木を接ぎ木している様子である。果樹の苗木を作るために、栄養繁殖のひとつである接ぎ木繁殖が広く行われている。接ぎ木は実生苗を台木とするため、根が深くまで伸長し、生育が旺盛である。

49　解答 ▶③　　　　　★★

実生繁殖は種子を播いて生育させたものである。品種改良では実生繁殖が利用されるが、落葉果樹では親より優れた形質のものができることはまれである。

50　解答 ▶③　　　　　★

写真はモンシロチョウの成虫であり、幼虫がハクサイ、キャベツ、ブロッコリーなどのアブラナ科植物を食害する。

選択科目 ［畜産系］

31 解答▶② ★★
ニワトリの胃は、腺胃と筋胃からなる。腺胃では、胃酸と消化酵素によってタンパク質が消化される。

32 解答▶④ ★
①②③は少産鶏の特徴である。産卵中のニワトリのとさかは鮮明な赤色である。

33 解答▶① ★
ヒヨコの温度管理の目安は、0〜3日は32℃、4〜7日は29℃、8〜10日は27℃、11〜17日は24℃、18〜23日は21℃で、18〜23日で廃温する。(冬にふ化したヒナの給温期間は35日程度。)③予防接種は必要である。④バタリー飼育は、過密度飼育によるストレスが生じやすい。

34 解答▶② ★★
鶏卵の品質は、卵を割ったときに、濃厚卵白が多くて卵白の広がりが少なく、卵黄は濃厚卵白に囲まれて盛り上がっているものがよい。ハウユニットは濃厚卵白の盛り上がりが卵を保存している間に減少する特性を利用した鮮度の指標で、卵重と卵白の高さを測定して表される。

35 解答▶③ ★
デビークは写真のデビーカーを用いて嘴の先端を焼き切り伸長しないようにすることである。ビークトリミングや断しとも呼ぶ。ニワトリはペックオーダー（つつき順位）により集団内の順位付けを行うが、つつき行為が過剰に現れ尻つつき等のカンニバリズム（悪癖）が起こることがある。デビークはこれを予防するために行う。

36 解答▶② ★
ワクチン接種が有効な病気は原因がウイルスの場合である。①は細菌、③は原虫が原因のニワトリの病気である。④は乳牛の病気である。

37 解答▶① ★★
①バークシャー種が中型種、②③④は大型種である。バークシャー種はイギリス原産、ランドレース種はデンマーク原産、デュロック種はアメリカ原産、大ヨークシャー種はイギリス原産である。

38 解答▶④ ★
体長は正姿勢で両耳間の中央から体上線に沿って尾根までの長さを測る。

39 解答▶③ ★★
飼料要求率、飼料効率は家畜の種類や飼料の内容、飼養管理、育種改良、家畜の飼育段階によって異なる。一般的に、飼料の価値を示すときは飼料効率が、農場の飼養成績を示すときは飼料要求率が用いられる。

40 解答▶④ ★★
日本の対極が、アメリカやオーストラリアで見られる土地利用型畜産である。

41 解答▶② ★★
牧草以外は濃厚飼料である。濃厚飼料は消化される成分の含量が高く、一般的に容積が小さく、粗繊維含量が低い飼料である。

42 解答▶④ ★★★
③の鶏痘や伝染性気管支炎は法定伝染病ではない。法定伝染病は家禽コレラ、高病原性鳥インフルエンザ、ニューカッスル病、家禽サルモネラ感染症（ひな白痢）の4種。法定伝染病に対して、飼育者は発生が疑われる特定の症状が出たときの家畜保健衛生所への届け出が義務づけられている。

43 解答▶③ ★★★
写真が示す器具は、削蹄時に用いる大型爪切りである。

44 解答▶③ ★★★
写真はロールベールをラッピング

するラップマシーンであり、水分を含んだ状態で梱包した牧草等を包み、ラップサイレージを作る際等に使用される。牧草の梱包はヘイベーラで対応し、ラッピングはしない。

45　解答▶①　★

鶏卵の主な加工特性には、熱凝固性、起泡性、乳化性がある。卵焼きとゆで卵は熱凝固性、スポンジケーキは起泡性と熱凝固性、マヨネーズは乳化性を利用したものである。

46　解答▶④　★★

ジャージー種の原産地はイギリス（チャネル諸島のジャージー島）である。乳脂率などの乳成分が高いため、牛乳は濃厚で、バターなどの乳加工品の生産にも適しているが、乳量が少ないことが難点である。ガンジー種は薄茶色と白色の斑紋、ブラウンスイス種は灰褐色から濃褐色まで色の幅があり、エアシャー種はホルスタイン種の黒色部分が赤茶色になったもの。

47　解答▶④　★★

バルククーラは生乳を撹拌しながら5℃以下に冷却する。

48　解答▶②　★★★

①分娩後に乳分泌が始まる。③オキシトシンは乳の排出を促す。ストレスを与えると、アドレナリンが分泌され、乳の排出をやめる。④通常は1日2回搾乳で、12時間間隔で行う。

49　解答▶①　★

肩端は、肩甲骨の端が上腕骨に接する部分である。

50　解答▶③　★★

産卵率とは雌飼養羽数に対する産卵数の割合である。174÷（315−15）羽×100＝58%。

選択科目［食品系］

31　解答▶③　★

食品が備えるべき特性の中でエネルギー補給・体機能調節に必要なのは栄養性に関わることである。体を作ることを含めた機能を有するものを栄養素といい、糖質・タンパク質・脂質・ビタミン・ミネラルなどが含まれる。形状・味・重金属は該当しない。

32　解答▶②　★

マーガリンは、もともとバターの代用として開発され、主として植物油を硬化し、乳成分・食塩・乳化剤等を添加したもので、油脂の含量は80％以上である。④の油脂の含量が80％未満のものはファットスプレッドである。バターは、乳脂肪分が80％以上となる。

33　解答▶③　★

CA貯蔵とは、貯蔵環境の酸素濃度を低下させ、二酸化炭素濃度を増加させて青果物の生理活性を抑制することによって鮮度を保つ貯蔵法である。リンゴの貯蔵法の他、ナシ・カキなど多くの貯蔵に利用されている。他は温度の調整による貯蔵法である。

34　解答▶①　★★

②乾燥により、水分活性は低くなる。③食品中の水分には自由水と結合水があり遊離水は、容易に乾燥によって除かれるが結合水は除かれにくい。④食品は乾燥により脂肪の酸化を促進することはあっても防止する効果はない。

35　解答▶②　★★

サルモネラ菌は、鶏・豚・牛等の動物の腸管や河川・下水道等に広く生息する細菌である。①カンピロバクターは感染型食中毒の原因菌である。③黄色ブドウ球菌の毒性物質は

エンテロトキシンである。④腸炎ビブリオ菌は感染型食中毒の原因菌である。

36　解答▶④　★
　プラスチック容器は、軽量で加工しやすいなど、他の包装材料よりすぐれた点が多くあり、現在ではいろいろな食品容器として、広く使われているが、分解されにくく、再利用がむずかしいなどの問題点がある。そこで生分解性プラスチックなどの開発が進んでいる。

37　解答▶①　★★★
　直ごね法は中種法に比べ、発酵時間が短いが時間や温度の影響を受けやすく生地の状態や風味などの個性豊かなパンとなる。中種法はのびの良いグルテンを形成し、生地が傷みにくいため機械製造にも適し、安定したパンができるため企業で広く用いられる。

38　解答▶③　★
　日本の伝統的な麺は、太さなどによって4種類に分けられる。機械製乾麺の場合、直径1.7mm以上が①の「うどん」、直径1.3mm以上1.7mm未満が②の「ひやむぎ」、直径1.3mm未満が③の「そうめん」、幅4.5mm以上で厚さ2.0m未満が④の「きしめん」である。

39　解答▶③　★
　大豆の成分組成（g/100g）は、炭水化物（繊維質除く）約18％、脂質約20％、タンパク質約35％、無機質約5％で、「畑の肉」といわれるほどタンパク質が非常に多い。落花生は、脂質。小豆・インゲン・エンドウ・ソラマメは、炭水化物が一番多い。

40　解答▶④　★★★
　豆腐の原材料は大豆、凝固剤、水である。大豆はよく乾燥させた新しいものを十分に吸水させて使用す

る。凝固剤は海水から得られた天然のにがり（塩化マグネシウム）を用いていたが現在では④の硫酸カルシウムやグルコノデルタラクトンが使用されている。

41　解答▶②　★★
　①ポテトチップはジャガイモ、②しらたきはコンニャク、③いも焼ちゅうはサツマイモ、④わらび餅はワラビあるいはサツマイモを原料としている。ジャガイモ、サツマイモ、ワラビにはデンプンが多量に含まれおり、コンニャクはグルコマンナンが多い。

42　解答▶④　★★
　①自己消化により、野菜特有の青臭さやあくが減る。②乳酸菌が関与し、発酵作用により有機酸やエタノールは増加する。③野菜を食塩水に漬けると、浸透圧の差によって水分が細胞外にしみ出す。④脱水された成分は、乳酸菌などの栄養源となる。

43　解答▶④　★
　ジャム類の種類別生産割合の1位2008年イチゴ（38.2％）、2017年（33.5％）、2位2008年ブルーベリー（17.6％）、2017年（22.2％）。日本で初めてイチゴジャムをつくり販売したのは、明治10年東京新宿の勧農局で、4年後企業も販売を開始する。

44　解答▶①　★★
　②はナツメグ（肉ずく）、③は辛子（マスタード）、④はターメリック（ウコン）である。ローレルは特有の香味を持ち、肉の生臭さを消す。また、葉をベーリーフといい、生あるいは乾燥葉で、スープや菓子の香味料となる。果実は、薬用とされる。

45　解答▶②　★★★
　豚の肩肉、ロース肉又はもも肉を整形し、塩漬し、ケーシング等で包装した後、低温でくん煙し、又はくん煙しないで乾燥したものは②の

ラックスハムである。①のボンレス
ハム、③のショルダーハム、④のロ
ースハムは湯煮し、若しくは蒸煮す
る加工工程がある。

46 解答▶① ★★
　くん煙剤は、日本では広葉樹が使
われることが多く、①のサクラ、リ
ンゴ、ブナ、ナラ、クルミなどを用
いる。欧米では、肉や魚に適する
ヒッコリーが多く使われる。サクラ
は、香りが強く、特に羊や豚肉など
のくせのあるにおいの強い肉に用い
られる。

47 解答▶② ★★
　フリージングでミックスを攪拌す
る間に空気が混入し、アイスクリー
ムはミックスの容積に比べて増加す
る。この容積の増加割合をオーバー
ランといい、パーセント（%）で表
す。空気と原料が同量であれば、オ
ーバーランは100%となる。オーバ
ーランが高いほど軽い感じの味にな
り、低いほど重みのある味になる。

48 解答▶④ ★★
　①カロテノイドは、脂溶性色素で
ある。②バターは油中水滴型のエマ
ルジョン（乳濁液）である。③乳等
省令によりバターの成分規格は脂肪
分80%以上、水分17%以下と規定さ
れており、バターには、良質な乳脂
肪とビタミンAが豊富に含まれて
いる。

49 解答▶② ★★★
　卵白は、水分88%・タンパク質
10.5%、卵黄は、水分48.2%・タン
パク質16.5%・脂質33.5%である。
鶏卵を65℃の湯中で60分間保温した
ものを温泉卵といい、卵白は完全凝
固しないため柔らかいが卵黄は凝固
温度が64〜70℃であるため、ほどよ
く固くなる。

50 解答▶③ ★★★
　もろみを木綿やナイロンなどの布

袋に入れ、圧搾装置でろ過した液を
生しょうゆまたは③の生揚げしょう
ゆという。①の白しょうゆ、②のた
まりしょうゆ、④の薄口しょうゆな
どは日本農林規格で分類している
しょうゆの種類で、それぞれが特有
の色調、風味を持ち、これらの特徴
を生かして利用されている。

選択科目 ［環境系］

31　解答▶③　★★
①太い実線は外形線に用いる。対象物の見える部分の形状を表す。②細い実線は寸法線等に用いる。寸法を記入する場合等に用いる。③細い一点鎖線は中心線等に用いる。図形の中心を表す場合等に用いる。④細い二点鎖線は想像線等に用いる。隣接部分を参考に表す場合等に用いる。

32　解答▶③★
1 cm ×100＝100cm。製図に用いる尺度には現尺（実物と同じ大きさで描く）、縮尺（実物より小さく描く）、倍尺（実物より大きく描く）がある。

33　解答▶②　★★★
円や円弧を描くときに用いる製図用具。大コンパス、中コンパス、小コンパスがある。①プラスチック板に文字・図形などの外形をくり抜いたもの。③小円を描くのに適しており、上部にスプリングがあり脚間にあるねじで半径を調整する。④両方の脚の先は針がついている。スケールからの寸法の移動や円弧の等分割などに用いる。

34　解答▶④　★★
①スタジア法は、視準板に刻まれた目盛を使い未知点までの水平距離を計算により求める方法。②交会法は、新しい測点までの距離を測定しないで、方向線によって未知点を求める方法。③道線法は、平板測量の骨組測量として用いられる方法（多角形に設けられた測点を平板を移動させながら図示する方法）。④放射法は基準となる平板をすえつけ、その測点から必要な地物の方向と距離を測定する方法。

35　解答▶②　★★
ベンチマーク（Bench Mark）の略で水準測量を行う場合の基準点（既知点）となる。通常は動かない位置にポイントを定めそれを基準として測量する。1等・2等・3等水準点がある。

36　解答▶④　★★★
一般にリフレッシュ効果などの森林浴効果をもたらす森林の香り。健康増進の効果があることが知られている。フィトンチッドはフィトン「植物」、チッド「殺す」を意味する。

37　解答▶①　★★
スギやヒノキなどの人工林は、植林時は一定間隔に植栽するが、成長に伴い密度が窮屈となるため、適度に間引き（間伐）をする必要がある。また、成長が早く、まっすぐな材がとれ、軽くて柔らかいため加工しやすい。

38　解答▶④　★
樹木は樹形や葉の形によって、針葉樹と広葉樹とに分けられる。針葉樹の樹形は垂直に伸びた幹から枝が周囲に伸びて円錐の形をしているものが多い。葉は針状・鱗片状。広葉樹の樹形は、枝分かれして大きく横に広がり丸みがある。葉は広くて平べったい形が多い。

39　解答▶①　★★
世界の森林率は、平均で約30％となっているのに対し、我が国では国土の約3分の2（66％）が森林で覆われている。

40　解答▶③　★
刈払機を使用して下刈り（幼木を保護するために雑草等の下草を刈ること）を行い、幼木の成長を促す。下刈りは夏期に行うことが多い。構造は原動機、シャフト、回転鋸からなり、日本国内で業務として刈払機を使用する場合には、安全衛生教育

第2回　2020年度

を受講する必要がある。

選択科目 ［環境系・造園］

41　解答▶④　　　　　　　★

　石灯籠は上部から宝殊（ほうしゅ）、笠、火袋（ひぶくろ）、中台（ちゅうだい）、竿（さお）、基礎という六つの部分から構成されている。これらが全部揃っているものを「基本型」という。

42　解答▶③　　　　　　★★

　枝の一か所からの分岐が異常に多くなり葉は小型になり花も咲かず、鳥の巣状（てんぐ巣状）あるいはほうき状になり被害部が次第に枯死する。ソメイヨシノに多く発生している、ホルモン異常が要因といわれる。タフリナ菌が原因である。

43　解答▶②　　　　　★★★

　常緑広葉樹でブナ科。日陰でもよく生育し発芽力があり、大気汚染や潮風に強い。主として生垣や刈り込み物に用いられる。備長炭の原料として利用される。

44　解答▶②　　　　　　　★

　四ツ目垣製作で最初に施工するもので製作の基準となる柱である。間柱・立て子の高さより高めに施工する。間柱は親柱と親柱の間にいけ込み、高さは立て子と同じで竹垣の裏側に施工する。

45　解答▶④　　　　　　★★

　広大な敷地に池、築山、茶室、東屋（四阿・あずまや）などを園路でつなぎ、歩きながら移り変わる風景を鑑賞する庭園。岡山県の後楽園、石川県の兼六園、香川県の栗林公園等が有名。

46　解答▶①　　　　　　　★

　南北4.0Km、東西0.8Kmで1858年公園設計コンペに入賞した、フレデリック・ロー・オルムステッドらの設計による。現在は美術館や博物館がある。②ハイドパークはロンド

ン市。③ドイツ語で小さな庭の意味、分区園、貸農園、小菜園地など。④ブローニュの森はパリ市16区にある。森林公園で多くの庭園、施設がある。

47　解答▶③　　　　　★★★
　透視図は設計者の意図をより分かりやすく施工者や一般の人々に伝えるために作成される。完成予想図として設計した庭園や公園の平面図や立面図をもとに描かれる。透視図法として視心を設けて2次元の平面に投影する。①詳細図。②断面図。③立面図。

48　解答▶④　　　　　★★
　街区公園は主として街区内に居住する者の利用に供することを目的とする公園で、誘致距離250mの範囲内で1か所当たり面積0.25haを標準として配置する。①運動公園は1か所当たり面積15〜75haを標準として配置する。②地区公園は誘致距離1kmの範囲内で1か所当たり面積4haを標準として配置する。③近隣公園は誘致距離500mの範囲内で1か所当たり面積2haを標準として配置する。

49　解答▶②　　　　　★★
　さし木の利点は、母樹と同様の花を咲かせ枝葉や樹形も類似したものが得られる点。同一品種を増やしたり、苗木の生育期間を短縮し経費の削減ができる。①の説明は実生繁殖。③の説明は組織培養。④の説明は株分け。

50　解答▶①　　　　　★
　一般的に高木で植栽の敷地が広い場合に施工する。丸太あるいは唐竹を3脚か4脚にして取り付ける。②丸太または竹を水平に渡して結束する方法。③神社の鳥居のような形をしており、街路樹に多く使用されている。④幹に添えて丸太または竹を地中に十分挿し込み数か所を幹に結束する。

第2回　2020年度

選択科目
[環境系・農業土木]

41　解答▶①　　　　　　★★
②客土の説明。③除礫の説明。④混層耕の説明。

42　解答▶②　　　　　　★★
除礫の説明。

43　解答▶④　　　　　　★
記述の手段をミティゲーションといい、5原則がある。環境アセスメントの中心となる。

44　解答▶③　　　　　　★
回避は事業実施範囲から除外することが原則となる。①は修正。②は最小化。④は軽減。

45　解答▶③　　　　　　★★
①力のモーメントの釣合い。②大きさが等しく作用線が平行で、互いに逆向きの力。④分力のモーメントの合計は、合力のモーメントに等しい。

46　解答▶②　　　　　　★★
$M=P×\ell=200×0.2$
cmをm単位に直して計算する。

47　解答▶①　　　　　　★★
弾性の法則ともいわれ、軸方向応力とひずみの関係は一定のかたむきを持った直線となる、この比例定数を弾性係数という。②ポアソン比は縦方向のひずみと横方向のひずみの比のこと。③バリニオンの定理は力のモーメントの合力理論。④モーメント法はトラスの部材力の測定法。

48　解答▶④　　　　　　★★★
$\varepsilon=\dfrac{\Delta l}{l}=\dfrac{9}{300}$

49　解答▶②　　　　　　★★★
$\delta=\dfrac{P}{A}=\dfrac{50}{0.5}$

50　解答▶④　　　　　　★★★
$Q=A×V$
$A=\dfrac{Q}{V}=\dfrac{0.8}{0.4}=2$

選択科目［環境系・林業］

41　解答▶①　★★★
　植生に影響がある気温は、標高が高くなるにつれて低下（高度が100m上昇するにつれて、約0.6℃気温が低下する）し、植生分布に影響する。これを植生の垂直分布という。ハイマツは主に高山帯に植生し、高山の多雪と強風を避けるため、地を這うような樹形をしている低木である。

42　解答▶①　★★
　上部の層（表層土壌）はA層であり、下層土はB層、C層である。②③上部の層（A層、表層土壌）には、植物の成長に必要な養分や水分を多く含み、植物の根が張っている。また、多くの土壌生物や微生物が生息している。④ポドゾルは、寒冷湿潤な亜寒帯や亜高山帯の針葉樹林帯に多くみられる強酸性の土壌であり、日本の森林や樹園地に広く分布するのは、褐色森林土である。

43　解答▶②　★★
　毎年の成長量と同じ量の樹木を伐採し、その分を植林することで持続的な森林経営が可能となる森林を法正林という。法正林は、林木を伐採するまでの各年齢の林木が同面積ずつ適正に配置されている理想の森林である。①現在の実際の森林は、法正林とはかけ離れており、高年齢の樹木が多い状況にある。

44　解答▶④　★★★
　森林は民有林と国有林に分けられる。民有林のうち個人や会社等が所有している森林（私有林）を除いた都道府県有林、市町村有林等を公有林という。①国有林のこと、③民有林（私有林）のこと。

45　解答▶③　★★
　①亜熱帯林－アコウ、ガジュマル、木生シダなど。②暖温帯林（暖帯林、照葉樹林）－シイ類やカシ類、タブノキなどの常緑広葉樹を主とする。③冷温帯林（温帯林、夏緑樹林）－ブナ、ミズナラ、カエデ類などの落葉広葉樹を主とする。④亜寒帯林－モミ類やトウヒ類の常緑針葉樹を主とする。

46　解答▶④　★★
　アカマツとクロマツは樹皮を見て見分ける。アカマツは赤みがかった樹皮をしている。①はスギ。②はコナラやクヌギで伐採後、萌芽更新が可能な樹種。③はヒノキ。

47　解答▶①　★★
　植栽後の保育作業では、まず数年間は植栽木の成長を阻害する雑草等の刈り払いを行う（下刈り）。その後、成長が遅れたり形質が悪くなった植栽木や侵入した雑木を伐採する（除伐）。その後、植栽木が成長して林内が密集した頃、植栽木の間引き伐採を行う（間伐）。

48　解答▶③　★
　木材生産のための作業の順序として、まず樹木を伐採し（伐採）、集材した樹木の枝払いや玉切りを行う（造材）。玉切りをした木材を林道沿いの土場まで集めて（集材）、運搬車に積み込み、森林から運び出す（運材）。

49　解答▶②　★★
　①皆伐法は林木のすべてを一時に伐採する方法。③漸伐法は数回に分けて伐採する方法。④母樹保残法は一部の成木を種子散布のために残し、他は伐採する。

50　解答▶④　★
　①毎木調査法は、すべての木を測定する。④標準地を選ぶ場合は、類似した林相の部分がひとまとめになるよう区分して選ぶ。標準地は10m×10mなどとする場合が多い。

20◻ 年度　第 ◻ 回
日本農業技術検定３級　解答用紙

点数

1問2点（100点満点中60点以上が合格）

共通問題

設問	解答欄
1	
2	
3	
4	
5	
6	
7	
8	
9	
10	
11	
12	
13	
14	
15	

設問	解答欄
16	
17	
18	
19	
20	
21	
22	
23	
24	
25	
26	
27	
28	
29	
30	

選択科目

※選択した科目一つを
　丸囲みください。

栽培系

畜産系

食品系

環境系

設問	解答欄
31	
32	
33	
34	
35	
36	
37	
38	
39	
40	

設問	解答欄
41	
42	
43	
44	
45	
46	
47	
48	
49	
50	

20☐年度　第☐回
日本農業技術検定３級　解答用紙

1問2点（100点満点中60点以上が合格）

	点数

共通問題

設問	解答欄
1	
2	
3	
4	
5	
6	
7	
8	
9	
10	
11	
12	
13	
14	
15	

設問	解答欄
16	
17	
18	
19	
20	
21	
22	
23	
24	
25	
26	
27	
28	
29	
30	

選択科目

※選択した科目一つを
　丸囲みください。

栽培系

畜産系

食品系

環境系

設問	解答欄
31	
32	
33	
34	
35	
36	
37	
38	
39	
40	

設問	解答欄
41	
42	
43	
44	
45	
46	
47	
48	
49	
50	

20☐年度　第☐回
日本農業技術検定３級　解答用紙

点数

1問2点（100点満点中60点以上が合格）

共通問題

設問	解答欄
1	
2	
3	
4	
5	
6	
7	
8	
9	
10	
11	
12	
13	
14	
15	

設問	解答欄
16	
17	
18	
19	
20	
21	
22	
23	
24	
25	
26	
27	
28	
29	
30	

選択科目

※選択した科目一つを
　丸囲みください。

栽培系

畜産系

食品系

環境系

設問	解答欄
31	
32	
33	
34	
35	
36	
37	
38	
39	
40	

設問	解答欄
41	
42	
43	
44	
45	
46	
47	
48	
49	
50	

20◻年度　第◻回
日本農業技術検定３級　解答用紙

点数

1問2点（100点満点中60点以上が合格）

共通問題

設問	解答欄
1	
2	
3	
4	
5	
6	
7	
8	
9	
10	
11	
12	
13	
14	
15	

設問	解答欄
16	
17	
18	
19	
20	
21	
22	
23	
24	
25	
26	
27	
28	
29	
30	

選択科目

※選択した科目一つを丸囲みください。

栽培系

畜産系

食品系

環境系

設問	解答欄
31	
32	
33	
34	
35	
36	
37	
38	
39	
40	

設問	解答欄
41	
42	
43	
44	
45	
46	
47	
48	
49	
50	